编织手作大牌包
*33*款天然麻线包袋钩编

日本文艺社 编著

项晓笈 译

河南科学技术出版社

·郑 州·

前言

***

只要手边有钩针和线材，

马上就可以开始享受编织的乐趣。

使用麻线钩织的作品，极具自然风情，

又牢固好用，非常契合我们日常的生活。

本书集合了款式多样的作品，

有适合初学者的简单包款，短时间内就可以完成；

也有面向熟手的款式，需要花费一些心思研究。

除了用麻线完成的包袋，

也介绍了一些搭配亚麻线及其他材料的作品。

从基础开始，对作品进行了详细的说明，

初学者也能立刻上手开始钩织。

选择颜色丰富的麻线，

一起钩织属于自己的限定款吧。

目录

收录了大量简单的包款，使用基础的钩织方法就可以完成哦！

双色松叶针手拎包

✳✳✳

简单的短针和松叶针组合，搭配成双色钩织的手拎包。
松叶针部分可以选择不同的颜色和材质，充分体现每个人的不同创意。

设计、制作　*mati* 工作室 ／ 制作方法　p.48
使用线材　**01**　Wister CROCHETJUTE（细），天然麻色、白色
　　　　　02　Wister CROCHETJUTE（细），天然麻色；水洗棉渐变线，红色

袋口的松叶针花样很像蕾丝，颇受少女青睐。改变整体的颜色或线材，就会呈现完全不同的风格。尝试一下搭配自己心仪的材料吧。

这是个虽然小巧但很能装东西的手拎包。日常使用不在话下，也非常适用于野餐等出游场合。

麻线和亚麻线混钩提包

✳✳✳

在白色的麻线中加入黄色的亚麻线，混合钩织出沉稳和谐的包款。
用混合线一同钩织的方式极富独创性。
可以纵向放入 A4 纸，提手也比较长，功能性一流。

（03）

设计、制作 钉宫启子（copine）/ 制作方法 ● p.50
使用线材 ● Wister CROCHETJUTE（细），白色；亚麻线（中细），黄色

菱形花片拼接手拎包

***

把菱形的花片拼接在一起，做成手拎包。
纯天然的麻线质感，也相当的时尚。

设计、制作 ● 草本美树 ／ 制作方法 ● p.52
使用线材 ● DARUMA 手工编织麻线，麻本色

购物包全部由同一种花样钩织而成，展现了优雅细腻的风格。

流苏装饰购物包
✳✳✳

松叶针花样的购物包，装饰的流苏起到了锦上添花的作用。
可以放入 A4 纸，适用于任意场合。
....

设计、制作 ● 桥本真由子 ／ 制作方法 ● p.54
使用线材 ● 和麻纳卡 Comacoma，米色

05

几何花样拎包

✳ ✳ ✳

双色搭配钩织出几何花样。
米色与黑色的组合，庄重高雅。

设计 ● 丰秀 Canna ／ 制作 ● 大胡望 ／ 制作方法 ● p.56
使用线材 ● 和麻纳卡 Comacoma，黑色、米色

网眼钩编祖母包

四边形的网眼钩编，再加上侧边和提手，就能完成一款简单的祖母包。
图解简单易懂，制作方法也不复杂。
还没有接触过钩编的朋友们，请一定要尝试一下哦。

设计、制作　koubour／制作方法　p.58
使用线材　后生产业 MIEL，软木色

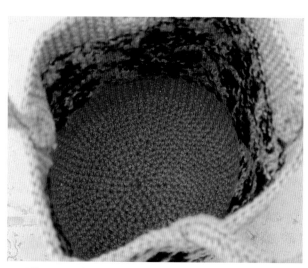

可以装入A4纸大小的文件，便于日常使用。闲暇游玩时用来装大件物品也绰绰有余。

由黑色线材编织鲜明的花朵提花图案。也可以选择自己喜欢的颜色搭配，完成具有独创性的作品。

花朵图案提花包

✳✳✳

大大的提花花朵图案，引人注目。
可以试着改变颜色的搭配，会有很不一样的效果哦。

设计、制作●钉宫启子（copine）/ 制作方法●p.60
使用线材●DARUMA 手工编织麻线，麻本色、黑色

08

13

单提手水滴形托特包

✳✳✳

通过钩织过程中的加减针，形成水滴形。
将两根提手用丝巾卷起来或者包上皮革，做成单提手。

设计、制作 • amy&compath ／ 制作方法 • p.62
使用线材 • ⑨ Wister CROCHETJUTE（细），天然麻色
⑩ Wister CROCHETJUTE（细），蓝色；Wister Pastel Cotton（细），蓝色

三片拼接包

✳ ✳ ✳

按图解钩织三片大花片，拼接组合成日式风格的包袋。
同色的装饰花是点睛之笔

· ·

设计 ● 丰秀 Canna ／ 制作 ● 大胡望 ／ 制作方法 ● p.64
使用线材 ● 和麻纳卡 Comacoma，黄色、白色

同色装饰花并不复杂，可以轻松
钩织完成。

⑪

网眼钩编单肩包

✳✳✳

这是一款底部为长方形的网眼钩编单肩包，包形小巧。
包底使用短针钩织而成，结实耐用，侧面的网眼富有蕾丝的通透感。

设计、制作 ● koubour ／ 制作方法 ● p.66
使用线材 ● Wister CROCHETJUTE（细），白色、深蓝色

可以轻松地放入长款钱包、手账本等物品，方便日常使用，也是假日里很好的搭配单品。

肩带使用了特别的虾辫钩法，注意与包身连接处的细节处理。完成的作品细致可爱。

设计、制作 •Knitting.RayRay / 制作方法 •p.68
使用线材 •KOKUYO 麻线，麻本色

异材质提手购物包

✳✳✳

简洁雅致的购物包，提手使用了麻线以外的其他材料。
可以先用麻线钩织好提手，再使用缎带缠绕提手；
也可以留出提手的位置，穿入喜欢的布料。
稍稍花一些心思，尝试一下不同的提手吧。

上下两侧短针、中间夹着泡芙针钩成的花朵图案，针法虽然简单，但完成的效果别致典雅。

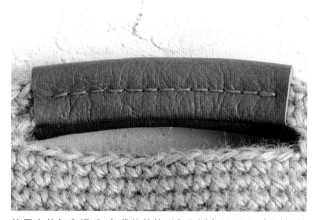

使用皮革包裹提手，包袋的整体形象立刻有所不同。长时间使用也不会勒手。

土耳其泡芙针花样拎包
✳✳✳

由最简单的短针钩织而成，中间的泡芙针花样让人眼前一亮。
皮革包裹的提手便于日常使用，也让整个拎包的风格更为文雅沉静。

设计、制作 ●Knitting.RayRay ／ 制作方法 ●p.70
使用线材 ●KOKUYO 麻线，麻本色

15

(16)

麻线新月包
✳✳✳

无论是配色还是包型都堪称经典的新月包，
尺寸不会过大，非常适用于不会太过正式的商务休闲场合。

设计、制作 ● 草本美树 ／ 制作方法 ● p.72
使用线材 ● DARUMA 手工编织麻线，麻本色、黑色

天然麻色的麻线小挎包

✳✳✳

由短针和中长针钩织而成的小挎包，简单别致。
只涉及基础的针法，特别适合推荐给初学者尝试！

设计、制作 ● *mati* 工作室 ／ 制作方法 ● p.74
使用线材 ● Wister CROCHETJUTE（细），天然麻色

⑰

经典条纹麻线包

***

黑色和米色的组合，
长方的包形，是日常生活必备的基础款。
采用木制的提手，高雅大方。

设计、制作 ●编织商店 "YOTOMAYO" 吉田裕美子 ／ 制作方法 ● p.76
使用线材 ●Wister CROCHETJUTE（细），黑色；Wister Lucia，米色

黑色麻线的织物中加入米色条纹,相当醒目。连接提手的部分还加入了一些小巧思。

容量很大,能够满足日常使用的需要。可以作为工作日通勤包,也可以搭配休息日的休闲风格。

选择喜欢的布料制成内袋，整体风格会截然不同，也便于装入化妆包之类的小物。

⑲

麻线渔网包

***

顾名思义，这是一款看起来很像渔网的包袋。非常适合夏天出行使用。
可以挑选自己喜爱的布料制作内袋，完成一个独一无二的渔网包。

设计、制作 • 编织商店 "YOTOMAYO" 吉田裕美子 / 制作方法 • p.78
使用线材 • Wister CROCHETJUTE（细），天然麻色、水蓝色

菜篮子包

***

黑色的提手环绕包身一周，是一款成年人也喜欢的可爱风包袋。
袋口内衬部分是用再生环保的纸藤钩织而成，可以很好地保持篮子的形状。

设计、制作●amy &compath ／ 制作方法●p.80
使用线材●Wister CROCHETJUTE〔细〕，天然麻色、黑色

立体花片拼接包

***

钩织立体花片，然后拼接成包袋。
这是相当特别的款式，可以提升整体搭配的时尚感。

设计●丰秀 Canna　制作●大胡望 ／ 制作方法●p.82
使用线材●和麻纳卡 Comacoma，绿色

柔软三角托特包

***

使用短针和长针钩织而成的三角托特包，
尺寸虽小，但容量很大，可以装下不少的物品。
长针的使用，使完成的作品更为轻便。

设计、制作 • amy &compath ／ 制作方法 • p.84
使用线材 • Wister CROCHETJUTE（细），天然麻色

海洋风提花图案托特包

***

海洋风的蓝色和白色，几何图案的提花。
包型很大，可以很好地收纳 A4 尺寸的书籍资料。
提手较长，可以肩挎也可以手提，功能性相当出色。

设计、制作 ● Knitting.RayRay ／ 制作方法 ● p.86
使用线材 ● KOKUYO 麻线，白色；NUTSCENE 麻线，蓝色

可容纳A4尺寸物品的大容量托特包，任何场合都很适用。

提花图案精致典雅，特别适合搭配干练的西装。

经典款双色小圆包

✳✳✳

双色钩织的人气小圆包。
分别钩织两片圆形花片，再进行拼接组合，是短时间内就能完成的简单款式。

· ·

设计、制作 ● 草本美树 ／ 制作方法 ● p.88
使用线材 ● ㉔ DARUMA 手工编织麻线，白色、灰色
㉕ DARUMA 手工编织麻线，麻本色、玫红色

口金风格圆形化妆包

✳✳✳

在包口装饰两颗珠子，
完成一个口金风格的圆形化妆包。
可以挂在包上作为配饰，装入一些小物，
是非常出彩的点缀。

....

设计、制作 • 编织商店 "YOTOMAYO" 吉田裕美子
制作方法 • p.90
使用线材 • Wister CROCHETJUTE（细），胭脂红色

波点化妆包

✳✳✳

有侧边的化妆包，集合当下流行的元素，
装饰了波点图案。
波点是另外钩织再固定至包上的，
因此也可以改成自己喜欢的图案，
固定至合适的位置。

....

设计、制作 • 桥本真由子
制作方法 • p.91
使用线材 • 和麻纳卡 Comacoma，蓝色、白色

纸巾套

✳✳✳

钩织一片长方形，用卷针缝缝合侧边，再穿上皮绳就大功告成了。
根据纸巾的尺寸改变织物的针数，制作一个属于自己的纸巾套吧。

· ·

设计、制作 ● koubour ／ 制作方法 ● p.92
使用线材 ● 后生产业 MIEL，软木色

手提收纳篮
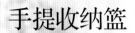

侧面镂空的花样精美细致，适合放置在桌面上收纳小物。
无论是起居室还是厨房，摆放在哪里都很和谐，也非常实用。

设计、制作　桥本真由子 ／ 制作方法 ● p.93
使用线材　和麻纳卡 Comacoma，茶色

29

口金包

* * *

圆滚滚的口金包小巧别致，可以作为硬币包使用，也可以收纳饰品、钥匙等小物。

设计、制作 • koubour ／ 制作方法 • p.94
使用线材 • ③⓪ Wister CROCHETJUTE（细），深绿色
③① Wister CROCHETJUTE（细），天然麻色

英文字母化妆包
✳✳✳

最基础的化妆包包型，装饰有英文字母。
可以用来放置纸巾或者手帕，是收纳日常用品的好帮手。

· ·

设计、制作 ● 草本美树 ／ 制作方法 ● p.95
使用线材 ● ㉜ DARUMA 手工编织麻线，红色、白色
　　　　 ㉝ DARUMA 手工编织麻线，水蓝色、白色

钩织开始前的准备

介绍钩织开始前需要准备的基础工具以及钩针、线材的使用方法。

✳ 基础工具

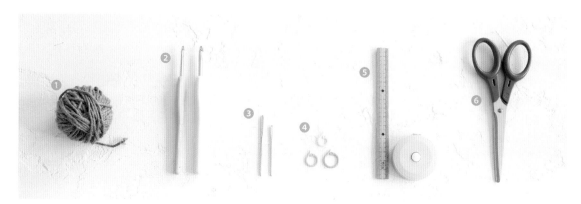

① 麻线
麻线是极具天然风格的线材，不仅可以用来打包物品或包装礼物，用来钩织手工作品也是大受欢迎。麻线结实牢固，钩织完成后不易变形，用来制作包袋、小物、家居用品都非常合适。

② 钩针
钩织作品时使用的针。有木质、塑料、金属等各种材质，可根据自己的需要选择使用。钩针的粗细通过针号来表示，针号数字越大就代表钩针越粗。10号以上的钩针使用"mm"表示其粗细。

③ 毛线缝针
用于织物的拼接缝合，以及线头的处理。根据线材的粗细选择缝针的型号使用。

④ 计数环
钩织过程中挂在织物上以记录、区分行数。

⑤ 直尺、卷尺
用于测量作品的尺寸及线材的长度。

⑥ 剪刀
用于剪断线材。不是专用的手工剪刀也没问题，选择锋利好用的剪刀即可。

✳ 钩针和线材的使用方法

持线方法

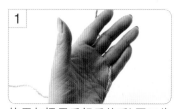

1　使用与惯用手相反的手（图示为左手），小指和无名指夹住线，距线端20cm左右。

2　立起食指，中指和拇指轻捏住线。

拿针方法

使用惯用手（图示为右手），距针尖4～5cm处，像拿铅笔一样地握住。

钩织图解与织物密度

对本书作品的钩织方法中所出现的"图解"和"织物密度"进行说明。

✳ 图解

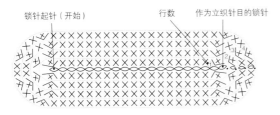

锁针起针（开始）　　　行数　　作为立织针目的锁针

"锁针起针的环状钩织"钩织方法

自左向右进行钩织。在作为起针的锁针上钩织短针，形成环状。通常是织物正面朝向自己，由内向外逆时针进行环状钩织。

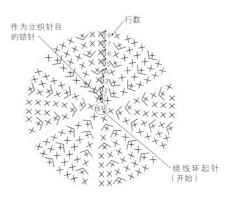

作为立织针目的锁针　　　行数

绕线环起针（开始）

"绕线环起针钩织"钩织方法

环状钩织时，手指绕线环起针，在线环上钩短针，在一行的最后钩引拔针。通常是织物正面朝向自己，由内向外逆时针进行环状钩织。

作为立织针目的锁针　　　行数

锁针起针（开始）　　　钩织方向

"往返钩织"钩织方法

自左向右进行钩织。在作为起针的锁针上钩织短针。通常是织物正、反面交替朝向自己进行往返钩织。

✳ 织物密度

织物密度是什么？

所谓织物密度，就是在编织完成的织物上10cm×10cm的范围内有多少行、多少针，可以作为计算织物大小的标准。如果希望完成作品的大小和尺寸图一致，请一定要在正式钩织前先钩一块小的织片，计算一下织物密度。首先，钩织一块边长15~20cm的正方形织物，使用熨斗整烫，再在织物中央选取10cm×10cm的范围，数出行数和针数。

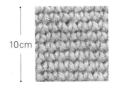

10cm

10cm

织物密度的计算方法

先计算出1cm²的行数和针数，再乘作品的完成尺寸，计算出全部行数和针数（小数点后的部分四舍五入）。

（例）织物密度/短针 15针20行=10cm×10cm
完成尺寸/宽30cm、高20cm

①计算1cm²的行数和针数：
15针÷10=1.5针　20行÷10=2行

②乘作品的完成尺寸：
宽=30cm×1.5针=45针　高=20cm×2行=40行

因此，共需钩织40行，每行45针。

钩针编织基础

说明钩针编织符号和钩针编织的基础方法。

 手指绕线环起针　　线材在手指上绕两圈作为起针。线材比较粗的时候也可以只绕一圈。钩织完成后抽紧线环，就不会看见线环中心的孔。

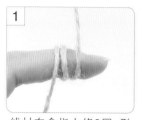

1　线材在食指上绕2圈，形成线环。

2　钩针插入线环中，挂线后沿箭头方向引拔。

3　钩针挂线，沿箭头方向引拔，钩1针锁针，作为立织针目。

4　钩针再次插入线环，挂线引拔，再次挂线，钩1针短针。

5　钩完需要的短针针数，取出钩针，先拉动较松动一侧的线，抽紧1圈线环。

6　再次拉动线头，抽紧另一圈的线环。

7　钩针插入第1针，挂线后沿箭头方向引拔。

8　第1行钩织完成。

 锁针环状起针　　连接钩织开始和结束的锁针，形成环状。虽然比较简便，但中心的孔会比较大。

1　钩织需要针数的锁针，钩针插入第1针。

2　挂线引拔。

3　钩1针锁针，作为立织针目。

4　钩针插入锁针环中，继续钩织第1行。

○	锁针	锁针常用于钩织的基础部分、网眼钩编的花样、针目高度的调节等，是钩编的基础针法，有着多种用途。

  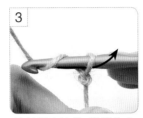 

1	2	3	4
钩针放置在线材下方，沿箭头方向绕1圈。	手指捏住线材的交叉位置，钩针挂线，沿箭头方向引拔。	钩针再次挂线，沿箭头方向引拔。	重复步骤 3 。

×	短针	最为常用的钩织针法。只要认真、耐心进行钩织，就能钩织出紧实牢固的织物。也是较为耗费时间的一种针法。

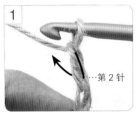 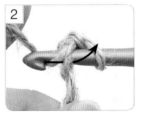  

1	2	3	4
跳过作为立织针目的1针锁针，钩针沿箭头方向插入第2针。	钩针挂线，沿箭头方向引拔。	再次挂线，一次钩过针上2个线圈。	完成1针短针。

⊤	中长针	长度介于短针和长针之间的针法。需要钩2针锁针作为立织针目。

 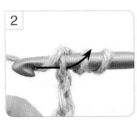  

1	2	3	4
钩针绕线，跳过3针锁针，钩针沿箭头方向插入第4针。	钩针挂线，沿箭头方向引拔。	再次挂线，一次钩过针上3个线圈。	完成1针中长针。

干	长针	1针长针的长度，需要钩3针锁针作为立织针目。针目较大，是比较简单快速的一种针法。

立织针目3针
基础针目
第5针

钩针绕线，跳过4针锁针，钩针沿箭头方向插入第5针。

钩针挂线，沿箭头方向引拔。

再次挂线，沿箭头方向，一次钩过针上前方的2个线圈。

再次挂线，沿箭头方向，一次钩过针上剩下的2个线圈。

干	长长针	相比长针，再多1针锁针长度的针法，需要钩4针锁针作为立织针目。针目比长针更大，也是更为快速的一种针法。

立织针目4针
基础针目
第6针

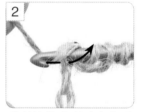

钩针绕线2圈，跳过5针锁针，钩针沿箭头方向插入第6针。

钩针挂线，沿箭头方向引拔。

再次挂线，沿箭头方向，一次钩过针上前方的2个线圈。

再次挂线，一次钩过针上前方的2个线圈。再次挂线，沿箭头方向，一次钩过针上剩下的2个线圈。

	1针放2针短针		◇	2针短针并1针

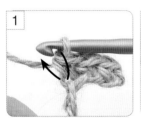

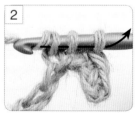

钩1针短针。

在同一针目再钩1针短针，1次引拔2针。

钩2针未完成的短针。

钩针挂线，沿箭头方向，一次钩过针上的3个线圈。

※ 未完成的短针：钩织短针时，最后引拔前的状态。

1针放2针长针

1

2

钩1针长针,钩针绕线,再
插入同一针目。

挂线引拔,再钩1针长针。

短针条纹针

1

2

钩针插入上一行针目的上
半针。

钩织短针。

※ 短针棱针是同样的符号。不同处在于:条纹针的条纹都在织物
正面,而棱针的条纹是在织物正、反面交替出现。

长针的正拉针

1

2

钩针绕线,从织片前侧入
针挑前一行长针针目的尾
部。

挂线引拔,钩1针长针。

反短针

1

2

一行完成后,钩1针锁针作
为立织针目,不改变织物
的朝向,沿箭头方向插入
钩针。

钩针挂线引拔,钩织短
针。

3针中长针枣形针

1

2

在同一针目中钩3针未完
成的中长针。

钩针挂线,一次钩过针上
的所有线圈。

引拔针

1

2

钩针沿箭头方向插入上一
行的针目。

钩针挂线,沿箭头方向向
外拉出,就是引拔针。

处理线头

最后1针钩完后，钩针挂线，沿箭头方向拉出线尾。

线尾穿上毛线缝针，将缝针破开线材，穿过织物背面的针目。

换线换色

钩织1行的最后1针，在最后一次挂线引拔时，钩针挂上需要替换的线，再沿箭头方向引拔。

卷针缝

毛线缝针

分别挑取两片织物，对齐边缘并用毛线缝针以卷针缝进行缝合的方法。

〈半针卷针缝〉

对齐两片织物，使用毛线缝针穿过每一针的半针进行缝合。

其他的钩针编织符号

 1针放3针短针

与"1针放2针短针"同样方法，在同一针目中钩3针短针。

 1针放5针长针

与"1针放2针短针"同样方法，在同一针目中钩5针长针。

 3针长针枣形针

与"3针中长针枣形针"同样方法，在同一针目中钩3针未完成的长针，再一次钩过针上的所有线圈。

 1针放2针短针条纹针

与"1针放2针短针"同样方法，在同一针目中钩2针短针条纹针。

 1针放3针长针

与"1针放2针短针"同样方法，在同一针目中钩3针长针。

 2针长长针并1针

与"2针短针并1针"同样方法，一次引拔钩过2针未完成的长长针。

 短针圈圈针

钩针挂线时，左手中指压住线材，留出需要的圈圈长度，右手捏住线钩短针。钩织时要注意对齐圈圈的长度。

 加线位置标记   断线位置标记

包袋的基础钩织方法

具体说明包袋的底部、侧面、提手的基础钩织方法。请参考说明开始钩织吧。

✳ 底部钩织方法

正圆形、椭圆形等圆形底部使用环状钩织，正方形、长方形等四边形底部使用往返钩织。

正圆形底部的钩织方法

1 手指绕线环起针，钩织第1行。

2 钩1针锁针，作为第2行的立织针目，钩针插入前一行的短针针目。

3 钩1针短针，钩针再次插入同一针目。

4 再钩1针短针，通过"1针放2针短针"完成加针。

5 按照需要的针数钩"1针放2针短针"，完成后钩针插入第1针引拔。

6 完成第2行。

7 自第3行起，按照钩织图解进行加针。

8 完成正圆形的底部。

椭圆形底部的钩织方法

1 按照需要针数钩锁针，再钩1针锁针作为立织针目，沿箭头方向插入钩针。

……立织针目1针

2 钩织与锁针针数相同的短针，钩针再次插入同一针目。

3 根据钩织图解进行加针。

4 翻转织物，挑取另一侧的锁针针目，以同样的方法钩短针。

5 钩织完成后，钩针插入第1针引拔。

6 完成第1行。

7 自第2行起，按照钩织图解进行钩织。

8 完成椭圆形的底部。

四边形底部的钩织方法

1

锁针起针,再钩1针锁针作为立织针目,按照需要的针数钩短针,完成第1行。

2

第2行先钩1针锁针作为立织针目。

3

翻转织物。

4

挑取前1行的针目,按照需要的针数钩短针。

5

完成第2行。

6

自第3行起,以同样的方法钩锁针作为立织针目,再翻转织物钩短针。

7

完成四边形的底部。

✳ 侧面钩织方法

根据底部形状的不同,侧面开始的钩织方法也有所不同。圆形底部就继续环状钩织,四边形底部挑取底部的针目和行的针目,形成环状进行钩织。

四边形底部的侧面钩织方法

1

底部完成后,钩1针锁针作为立织针目,挑取最后1行的针目钩短针。

2

钩织到行的部分时,按箭头方向插入钩针,钩在短针的尾部。

3

钩织到底部起针的锁针部分时,挑取锁针剩余的针目进行钩织。

4

1圈钩织完成,回到第1针引拔。

圆形底部的侧面钩织方法

底部为正圆形

底部为椭圆形

钩织圆形底部的侧面时,从底部开始,按照钩织图解继续环状钩织侧面。

✳ 提手钩织方法

提手有着多种多样的钩织方法,可以沿着包袋主体直接继续钩织,也可以另外钩织完成后再与包袋主体缝合,等等。

另外钩织提手再与主体缝合

1

2

按照钩织图解钩织所需数量的提手。

在包袋主体的指定位置,使用毛线缝针缝合提手。

沿着主体继续钩织提手的基础部分

1

2

在包袋主体的指定位置,钩所需数量的锁针作为提手的基础部分,然后继续钩织主体。另一侧也以同样的方法进行钩织。

提手的下一行,挑取锁针针目钩短针。

换线钩织提手的基础部分

1

钩织包袋主体的线材暂时不断线,在钩织图解的指定位置加线,钩所需数量的锁针作为提手的基础部分,再在前一行的指定位置引拔。另一侧也以同样的方法钩锁针,作为提手的基础部分。

2

使用未断线的主体线材继续钩织袋口和提手外侧。必要的时候,提手内侧另外再加线进行钩织。

小贴士: 麻线 Q&A

Q 有些介意麻线的气味,该怎么办呢?

A 有时,麻线会有一种独特的类似于石油的气味,有些人觉得很不好闻。可以放置在通风良好的阴凉处,或者尝试用水清洗,都可以减轻这种气味。

Q 可以在哪里买到麻线呢?

A 手工店、家居建材店等都可以买得到麻线。麻线有很多种类,有些是手工专用的,有些是包装、打包用的。根据用途的不同,请试着去找到自己喜爱的那一款吧。

作品的制作方法

⑪ ⑫
双色松叶针手拎包

作品图片 *p.4、p.5

● 准备物品

〈线材〉

⑪
A线／Wister CROCHETJUTE（细）（天然麻色）：210g
B线／Wister CROCHETJUTE（细）#1（白色）：20g

⑫
A线／Wister CROCHETJUTE（细）（天然麻色）：210g
B线／水洗棉渐变线#3（红色）：35g

〈钩针〉
10号钩针

● 织物密度
短针　11针16行：10cm×10cm*
松叶针　1.8针7.5行：10cm×10cm

● 钩织方法
取 Wister CROCHETJUTE（细）1股、水洗棉渐变线3股，10号钩针钩织。
① 绕线环起针，钩6针短针，按照图解加针钩至第11行，完成底部。
② 侧面继续钩短针至第30行，没有加减针。断线。
③ 在换线位置换B线，钩1行短针棱针，继续钩3行松叶针，断线。
④ 制作提手。使用A线钩4针锁针起针，往返钩56行短针。除去钩织开始的8行和钩织完成前的8行，对折提手的中间部分，对齐用卷针缝缝合。共制作2根提手。
⑤ 按照图解的指定位置，使用毛线缝针把提手缝合在包袋主体上。

* 说明：在本书中"11针16行：10cm×10cm"是指钩织11针、16行完成的织片尺寸为10cm×10cm。

〈尺寸图〉

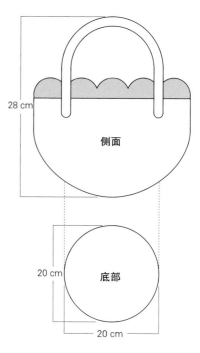

28 cm

侧面

20 cm

底部

20 cm

〈提手〉 ※2根

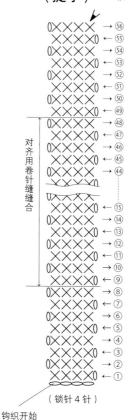

对齐用卷针缝缝合

（锁针4针）

钩织开始

〈侧面〉

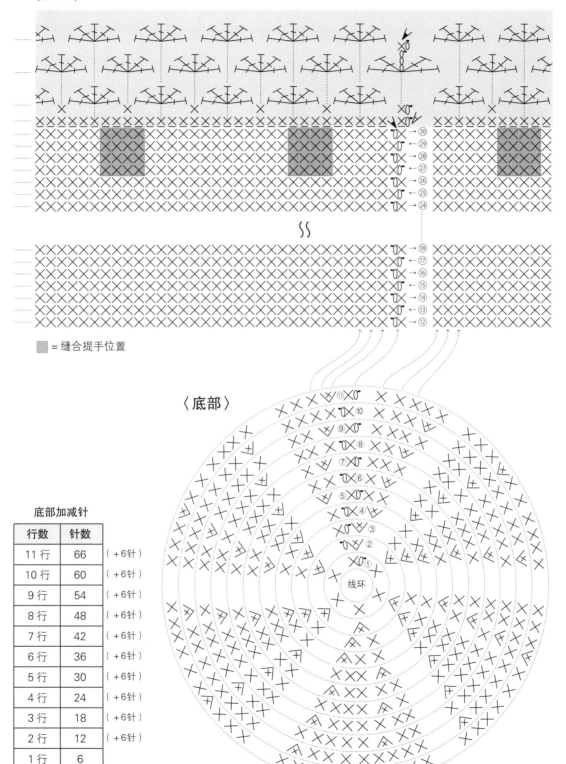

▨ = 缝合提手位置

〈底部〉

线环

底部加减针

行数	针数	
11 行	66	（+6针）
10 行	60	（+6针）
9 行	54	（+6针）
8 行	48	（+6针）
7 行	42	（+6针）
6 行	36	（+6针）
5 行	30	（+6针）
4 行	24	（+6针）
3 行	18	（+6针）
2 行	12	（+6针）
1 行	6	

⑬ 麻线和亚麻线混钩提包

作品图片 *p.6

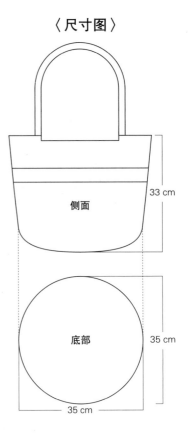

〈尺寸图〉

侧面

33 cm

底部

35 cm

35 cm

● 准备物品

〈线材〉
A线/Wister CROCHETJUTE（细）#1（白色）:310g
B线/亚麻线（中细）（黄色）:90g

〈钩针〉
10号钩针

〈其他〉
直径35mm纽扣:1个
皮绳:50cm
手缝针、手缝线

● 织物密度
短针　11针13行:10cm×10cm

● 钩织方法
取 Wister CROCHETJUTE（细）、亚麻线各1股，10号钩针钩织。
①绕线环起针，钩6针短针，按照图解加针钩至第12行，完成底部。
②继续钩织侧面，钩短针至第31行，按照图解加针。第32、33行按照图解每隔1针挑取前面第二行的针目钩短针，钩织花样。第34~41行继续钩短针。
③在第42行图解标注的两处钩48针锁针，作为提手的基础部分，完成第43行后，钩一圈引拔针，断线。最后在指定位置加线，在两处提手的内侧钩引拔针。
④在图解的指定位置钉缝纽扣，另一侧穿上皮绳，打结。

侧面加减针

行数	针数	
41 行		
≀	78	（+6针）
18 行		
17 行	72	
16 行	72	
15 行	72	（+6针）
14 行	66	
13 行	66	

底部加减针

行数	针数	
12 行	66	（+6针）
11 行	60	（+6针）
10 行	54	
9 行	54	（+6针）
8 行	48	（+6针）
7 行	42	（+6针）
6 行	36	（+6针）
5 行	30	（+6针）
4 行	24	（+6针）
3 行	18	（+6针）
2 行	12	（+6针）
1 行	6	

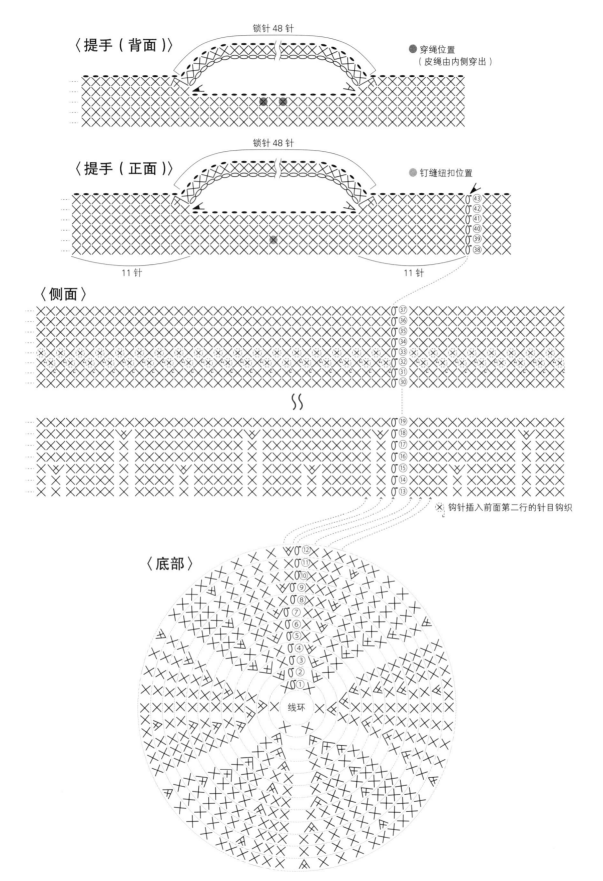

〈提手（背面）〉　锁针 48 针　　　　　　　　　●穿绳位置
　　　　　　　　　　　　　　　　　　　　　　（皮绳由内侧穿出）

〈提手（正面）〉　锁针 48 针　　　　　　　　●钉缝纽扣位置

11 针　　　　　　　　　　　　　　　　11 针

〈侧面〉

⊠ 钩针插入前面第二行的针目钩织

〈底部〉

线环

⑭
菱形花片拼接手拎包
作品图片 ＊p.7

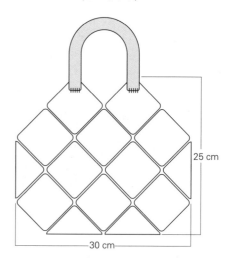

● **准备物品**

〈线材〉
DARUMA手工编织麻线#1(麻本色):210g

〈钩针〉
8号钩针

〈其他〉
木提手:1副

● **织物密度**
花片边长:约8cm

● **钩织方法**
全部取1股线,8号钩针钩织。
① 绕线环起针,钩8针短针。钩6针锁针,引拔移至旁
  边的针目,再钩8针锁针,按照图解重复钩织,最后
  钩4针锁针和1针长长针。钩完立织针目后,按照图
  解重复钩短针和锁针。以同样的方法钩织24片花
  片。
② 在图解标注的短针位置钩引拔针,拼接花片。底部
  的2片花片对折,形成包袋形状。
③ 在图解的指定位置加线,按照图解在袋口钩2行短
  针。
④ 使用毛线缝针在图解的指定位置缝合提手。

〈花片拼接整体图〉

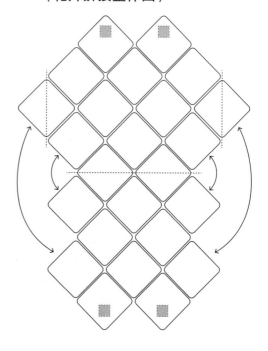

▨ = 缝合提手位置

〈花片〉※24 片

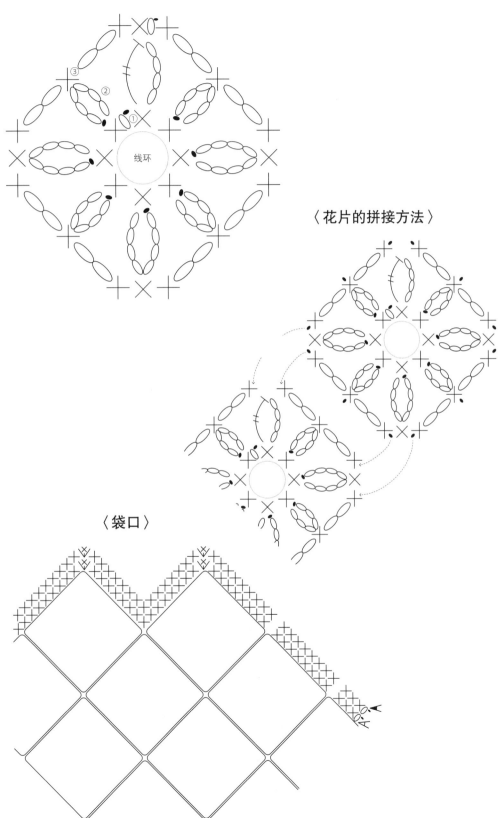

③
②
①
线环

〈花片的拼接方法〉

〈袋口〉

A

(05)

流苏装饰购物包

作品图片 *p.8、p9

● **准备物品**

〈线材〉
和麻纳卡 Comacoma #2（米色）:410g

〈钩针〉
8号钩针

● **织物密度**

1个花样：4.5cm × 7.5cm

● **钩织方法**

全部取1股线，8号钩针钩织。
①绕线环起针，钩6针短针，按照图解加针钩至第12行，完成底部。
②侧面钩织花样，共21行。最后钩一圈引拔针。
③制作提手。钩4针锁针起针，往返钩53行短针，钩织完成后断线。除去钩织开始的7行和钩织完成前的7行，对折提手的中间部分，对齐用卷针缝缝合。共制作2根提手。
④按照图解的指定位置，把提手缝合在包袋主体的内侧。
⑤制作流苏，装饰在提手上。

〈尺寸图〉

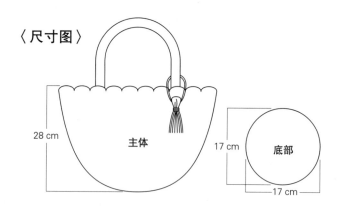

28 cm　　主体

17 cm　　底部

17 cm

〈提手〉
※2根

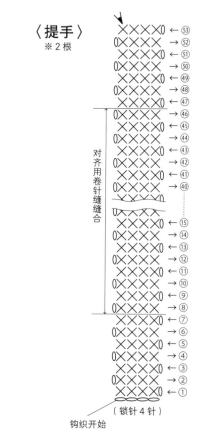

对齐用卷针缝缝合

→ 53
← 52
→ 51
← 50
→ 49
← 48
→ 47
→ 46
← 45
→ 44
← 43
→ 42
← 41
→ 40
← 15
→ 14
← 13
→ 12
← 11
→ 10
← 9
→ 8
← 7
→ 6
← 5
→ 4
← 3
→ 2
← 1

（锁针4针）

钩织开始

〈流苏的制作方法〉

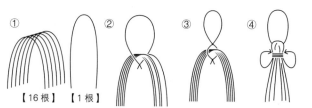

① 【16根】【1根】
② ③ ④

准备线材，1根45cm，16根30cm。取1根30cm的线材，两端对齐，打结。

将另外15根30cm的线材穿过打好结的线圈。

再次打结，将流苏扎紧。

取1根45cm的线材，在流苏上绕三圈后打结，线头藏入流苏中间。

54

〈侧面〉

提手的第8行和第46行
在袋口对齐缝合

㉑
⑳

⑤
④
③
②
①
⑫

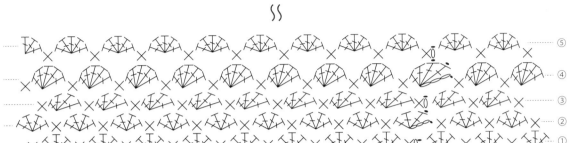

●=缝合提手位置

〈底部〉

⑪
⑩
⑨
⑧
⑦
⑥
⑤
④
③
②
①

线环

底部加减针

行数	针数	
12 行	72	（+6针）
11 行	66	（+6针）
10 行	60	（+6针）
9 行	54	（+6针）
8 行	48	（+6针）
7 行	42	（+6针）
6 行	36	（+6针）
5 行	30	（+6针）
4 行	24	（+6针）
3 行	18	（+6针）
2 行	12	（+6针）
1 行	6	

06 几何花样拎包

作品图片 ＊p.10

● 准备物品

〈线材〉
A线／和麻纳卡Comacoma #12（黑色）:160g
B线／和麻纳卡Comacoma #15（米色）:100g

〈钩针〉
7号钩针

〈其他〉
提手（皮革）:1副
手缝针、手缝线

● 织物密度
编织花样　16针15行 : 10cm×10cm

● 钩织方法
全部取1股线，7号钩针钩织。
①使用A线，钩34针锁针起针。按照图解搭配B线，
　往返钩织双色提花。提花背面不用渡线，钩全包短
　针，形成双面提花。以同样的方法钩织2片。
②制作侧面。使用A线，钩5针锁针起针，往返钩织
　34行短针。以同样的方法钩织2片。
③制作底部。使用A线，钩5针锁针起针，往返钩织
　30行短针。
④用卷针缝缝合侧面和底部。
⑤主体和侧面底部背面相对对齐，用卷针缝缝合。
⑥按照图解，在指定位置的正面缝合提手。

〈尺寸图〉

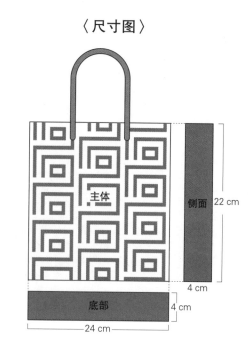

〈侧面〉
※2片

〈底部〉
※1片

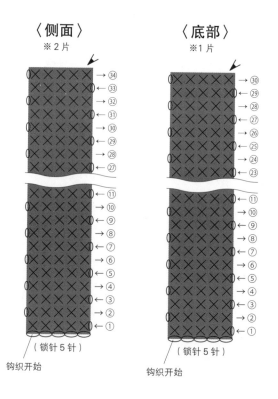

〈主体花样〉※2片

→ ㉞
← ㉝
→ ㉜
← ㉛
→ ㉚
← ㉙
→ ㉘
← ㉗
→ ㉖
← ㉕
→ ㉔
← ㉓
→ ㉒
← ㉑
→ ⑳
← ⑲
→ ⑱
← ⑰
→ ⑯
← ⑮
→ ⑭
← ⑬
→ ⑫
← ⑪
→ ⑩
← ⑨
→ ⑧
← ⑦
→ ⑥
← ⑤
→ ④
← ③
→ ②
← ①

（锁针34针）

钩织开始

= 缝合提手位置

⑦ 网眼钩编祖母包

作品图片 *p.11

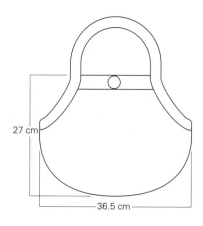

27 cm

36.5 cm

● **准备物品**

〈线材〉

后生产业 MIEL #5（软木色）:170g

〈钩针〉

8号钩针

〈其他〉

直径30mm木扣:1个

手缝针、手缝线

● **织物密度**

编织花样　5.2针11行:10cm×10cm

● **钩织方法**

全部取1股线,8号钩针钩织。

①钩67针锁针起针,钩1针短针、3针锁针的网眼钩编至第44行。

②继续钩织袋口。不用断线,挑取主体的网眼钩24针短针,往返钩织5行,断线。在另一侧的加线位置加线,以同样的方法进行钩织。

③继续钩织提手。不用断线,按照图解挑取袋口短针的侧面和主体的侧边,钩32针短针。在图解标注的位置继续钩40针锁针,作为提手的基础部分,另一侧也以同样的方法进行钩织,共钩织4行,没有加减针。钩织第5行时,把提手部分的前4行全部包住进行钩织。

④钩20针锁针作为纽扣扣环,固定在袋口的指定位置。纽扣钉缝在另一侧的指定位置。

〈纽扣扣环〉

（锁针 20 针）

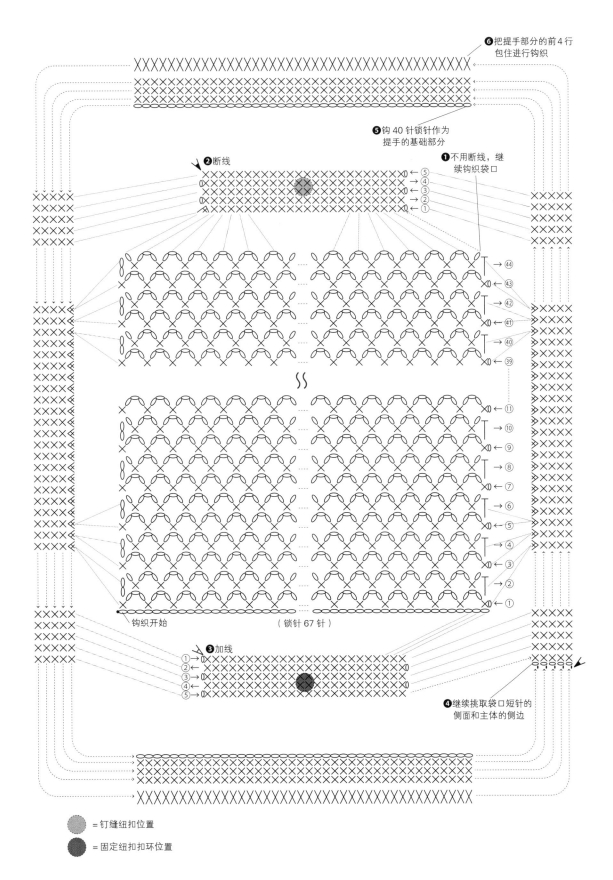

❻把提手部分的前4行
包住进行钩织

❺钩40针锁针作为
提手的基础部分

❷断线

❶不用断线，继
续钩织袋口

←⑤
→④
→③
→②
←①

→㊹
←㊸
→㊷
←㊶
→�40
←㊴

←⑪
→⑩
←⑨
→⑧
←⑦
→⑥
←⑤
→④
←③
→②
←①

钩织开始

（锁针67针）

❸加线

①→
②→
③→
④←
⑤←

❹继续挑取袋口短针的
侧面和主体的侧边

= 钉缝纽扣位置

= 固定纽扣扣环位置

⑧ 花朵图案提花包

作品图片 ＊p.12、p.13

●准备物品

〈线材〉
A线/DARUMA手工编织麻线#1(麻本色):310g
B线/DARUMA手工编织麻线#4(黑色):70g

〈钩针〉
8号钩针、10号钩针

●织物密度

短针(8号钩针) 14针14行:10cm × 10cm
提花图样(10号钩针) 12针12行:10cm × 10cm

●钩织方法

除提手外,全部取1股线,8号钩针和10号钩针钩织。
① 使用8号钩针、A线,绕线环起针,钩6针短针,按照图解加针钩至第13行,完成底部。继续钩织侧面,按照图解加针钩至第21行。
② 换用10号钩针,钩短针条纹针至第39行,完成提花图样。在钩至前一针未完成的短针时,引拔配色线进行换线。
③ 再换回8号钩针、A线,钩短针至第44行。最后钩一圈引拔针。
④ 使用8号钩针钩织提手。使用A线,钩42针锁针起针,环状钩88针短针,按照图解加针,钩织2行。提手两端各留出3.5cm,其余部分内侧相对对齐用卷针缝缝合。共制作2根。
⑤ 使用毛线缝针,在图解的包袋主体内侧的指定位置缝合提手。

〈尺寸图〉

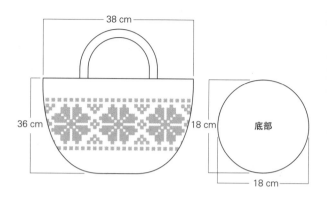

〈提手〉 ※A线2股(8号钩针)

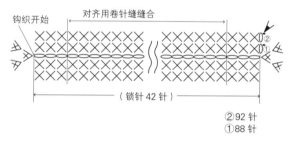

(锁针42针)

② 92针
① 88针

侧面加减针		
行数	针数	
21 行	96	
20 行	96	(＋6针)
19 行	90	
18 行	90	(＋6针)
17 行	84	
16 行	84	(＋6针)
15 行	78	
14 行	78	

底部加减针		
行数	针数	
13 行	78	(＋6针)
12 行	72	(＋6针)
11 行	66	(＋6针)
10 行	60	(＋6针)
9 行	54	(＋6针)
8 行	48	(＋6针)
7 行	42	(＋6针)
6 行	36	(＋6针)
5 行	30	(＋6针)
4 行	24	(＋6针)
3 行	18	(＋6针)
2 行	12	(＋6针)
1 行	6	

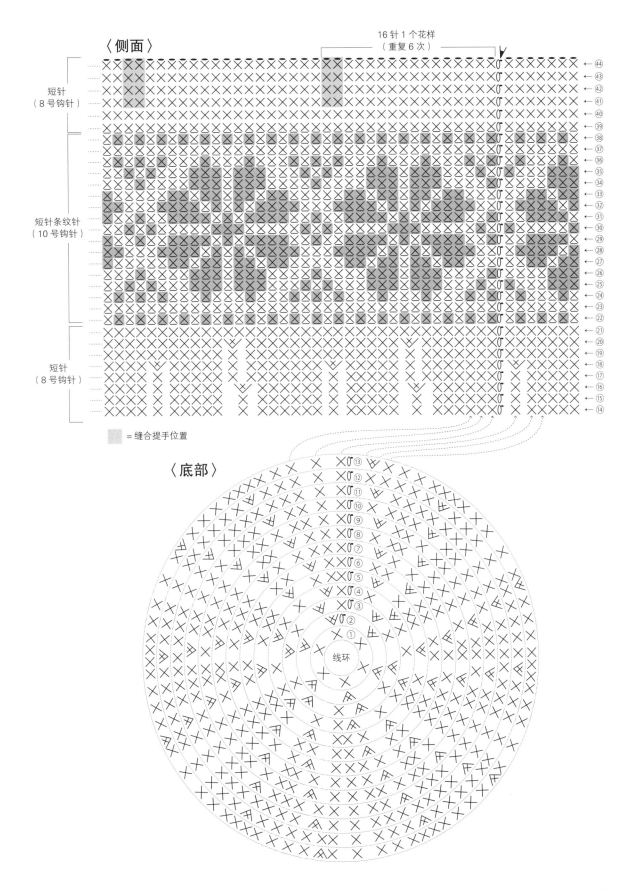

〈侧面〉

16针1个花样
（重复6次）

短针
（8号钩针）

←44
←43
←42
←41
←40
←39
←38
←37
←36
←35
←34
←33
←32
←31
←30
←29
←28
←27
←26
←25
←24
←23
←22
←21
←20
←19
←18
←17
←16
←15
←14

短针条纹针
（10号钩针）

短针
（8号钩针）

▨ = 缝合提手位置

〈底部〉

线环

①
②
③
④
⑤
⑥
⑦
⑧
⑨
⑩
⑪
⑫
⑬

⑨ ⑩

单提手水滴形托特包

作品图片 ＊p.14

作品图片 ＊p.14

●准备物品

〈线材〉

⑨ Wister CROCHETJUTE（细）（天然麻色）:150g

⑩ Wister CROCHETJUTE（细）#3（蓝色）:170g
　Wister Pastel Cotton（细）# 6（蓝色）:30g

〈钩针〉

8号钩针

〈其他〉

⑨ 牛皮:13cm×8cm
　四合扣:3组

⑩ 手帕:1块

●织物密度

短针　12针13.5行:10cm×10cm

●钩织方法

作品⑨取 Wister CROCHETJUTE（细）1 股线，作品⑩取 Wister CROCHETJUTE(细）和 Wister Pastel Cotton(细）各1股线,8号钩针钩织。

①绕线环起针,钩6针短针,按照图解加针钩至第15行,完成底部。

②继续钩织侧面,按照图解减针钩至第25行。

③在第26行图解标注的两处钩28针锁针,作为提手的基础部分,继续钩至第27行。最后一行先钩1针引拔针,继续钩引拔针至图解指定位置☆,回到第26行,在提手下方钩19针短针。在指定位置★钩1针引拔针,回到第27行再钩2针引拔针。以同样的方法钩织另一侧的提手。

④使用牛皮或手帕,把2根提手对齐包裹住合并成1根。

〈尺寸图〉

【09】　　　　【10】

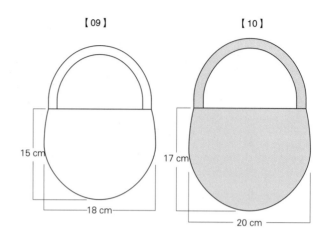

15 cm

18 cm

17 cm

20 cm

加减针

行数	针数	
25 行 ～ 22 行	50	（−4 针）
21 行 ～ 18 行	54	（−4 针）
17 行 ～ 14 行	58	（＋4 针）
13 行	54	
12 行	54	（＋4 针）
11 行	50	
10 行	50	（＋4 针）
9 行	46	（＋4 针）
8 行	42	（＋4 针）
7 行	38	（＋4 针）
6 行	34	（＋4 针）
5 行	30	（＋6 针）
4 行	24	（＋6 针）
3 行	18	（＋6 针）
2 行	12	（＋6 针）
1 行	6	

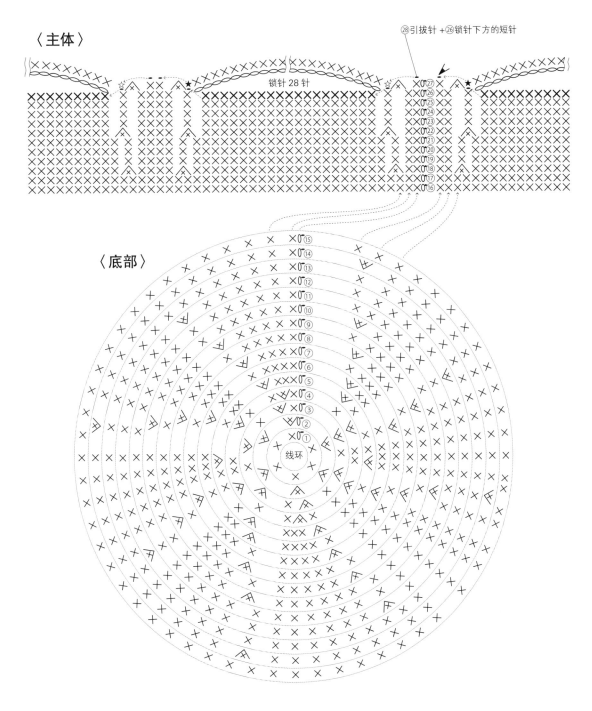

〈主体〉

㉘引拔针 +㉖锁针下方的短针

锁针 28 针

㉗㉖㉕㉔㉓㉒㉑⑳⑲⑱⑰⑯

〈底部〉

⑮⑭⑬⑫⑪⑩⑨⑧⑦⑥⑤④③②①

线环

〈使用牛皮〉

13 cm

8 cm

安装四合扣

〈使用手帕〉

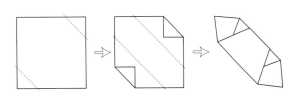

折叠手帕，紧紧地缠绕在提手上

⑪
三片拼接包
作品图片 ＊p.15

● 准备物品

〈线材〉
和麻纳卡 Comacoma #3（黄色）：120g
和麻纳卡 Comacoma #1（白色）：240g

〈钩针〉
8号钩针

〈其他〉
白色合成皮革：52cm
胸针配件
手缝针、手缝线

● 织物密度
短针　14针16行：10cm×10cm

● 钩织方法
全部取1股线，8号钩针钩织。
① 钩织花片。绕线环起针，按照图解钩短针和锁针，加针钩至第3行。
② 继续按照图解钩织，长针的正拉针在前面第二行的短针上钩织，钩至第22行。共钩织3片（黄色1片、白色2片）正方形的花片。
③ 拼接花片。2片花片背面相对对齐，每边挑半针，用卷针缝缝合32针。
④ 制作提手。钩4针锁针起针，往返钩织14行短针。用卷针缝缝合在包袋主体的指定位置，再在提手上缠绕合成皮革。合成皮革的两端缝合在主体内侧。
⑤ 制作花饰。钩50针锁针起针，钩1行短针圈圈针。从一端开始卷起，用手缝线缝合固定，做出花形。完成后背面缝上胸针配件，可以别在包袋的任意位置。

〈尺寸图〉

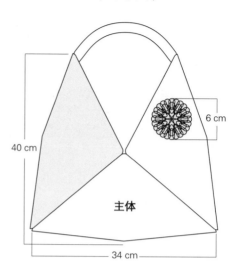

40 cm

6 cm

主体

34 cm

〈花饰的制作方法〉

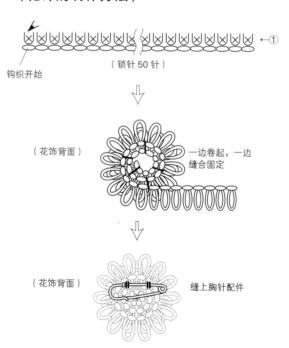

钩织开始

（锁针50针）

①

（花饰背面）

一边卷起，一边缝合固定

（花饰背面）

缝上胸针配件

〈花片〉※白色2片、黄色1片

重复4次

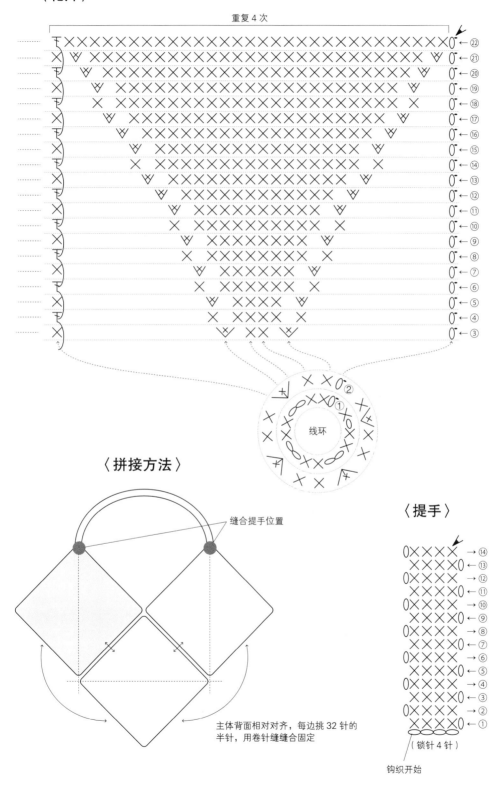

←㉒
←㉑
←⑳
←⑲
←⑱
←⑰
←⑯
←⑮
←⑭
←⑬
←⑫
←⑪
←⑩
←⑨
←⑧
←⑦
←⑥
←⑤
←④
←③

线环

〈拼接方法〉

缝合提手位置

主体背面相对对齐，每边挑32针的半针，用卷针缝缝合固定

〈提手〉

→⑭
→⑬
→⑫
→⑪
→⑩
→⑨
←⑧
←⑦
→⑥
←⑤
→④
→③
→②
→①

（锁针4针）

钩织开始

⑫ 网眼钩编单肩包

作品图片 ＊p.16、p.17

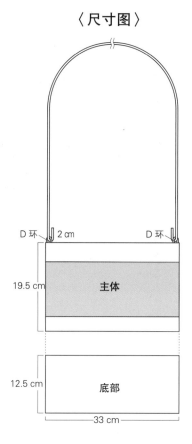

● 准备物品

〈线材〉
A线/Mister CROCHETJUTE（细）#1（白色）:125g
B线/Mister CROCHETJUTE（细）#3（深蓝色）:100g

〈钩针〉
8号钩针

〈其他〉
10mm D环:2个
18mm 手缝磁扣:1组
手缝针、手缝线
手工胶

● 织物密度

短针　13.5针14行:10cm × 10cm
网眼钩编　5行4.5个花样:10cm × 10cm

● 钩织方法

全部取1股线,8号钩针钩织。
①使用A线,钩12针锁针起针,环状钩30针短针。按照图解加
　针,钩至第8行,完成底部,断线。
②在图解的加线位置加A线,钩侧面5行短针,再换成B线钩3
　行。
③继续按照图解,钩11行网眼钩编,2行短针,断线。在图解
　的加线位置加A线,钩2行短针。最后一行钩短针,钩至两
　侧时装上D环。
④钩织肩带。使用A线、虾辫钩法钩织130cm。钩织开始和完
　成处各留出一段线材后断线。
⑤将肩带穿过D环,折回2cm左右,使用之前留下的线材缝
　合。折叠部分涂上手工胶,用B线缠绕,待胶干后断线。
⑥在袋口钉缝磁扣。

底部加减针

行数	针数	
8 行	86	（+8 针）
7 行	78	（+8 针）
6 行	70	（+8 针）
5 行	62	（+8 针）
4 行	54	（+8 针）
3 行	46	（+8 针）
2 行	38	（+8 针）
1 行	30	

〈侧面〉

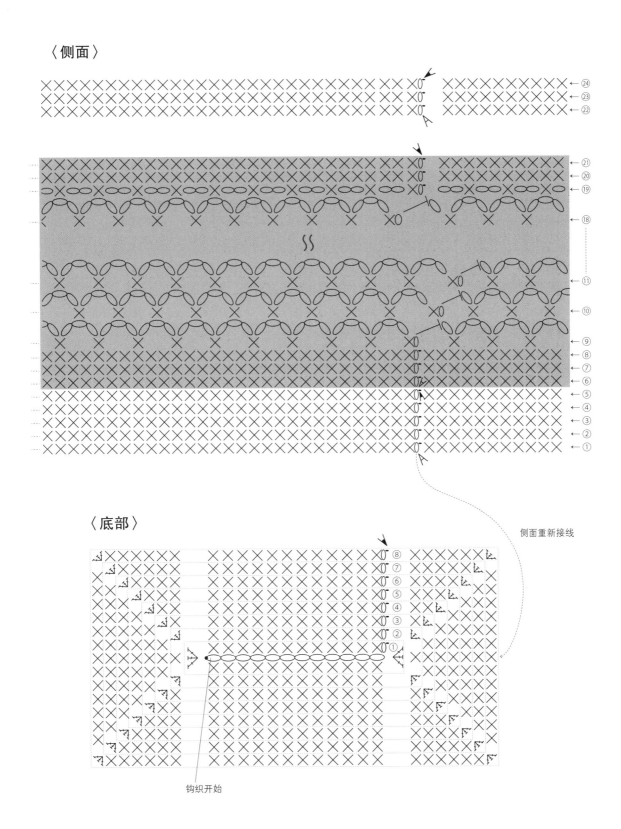

〈底部〉

钩织开始

侧面重新接线

⑬⑭
异材质提手购物包
作品图片 ＊p.18、p.19

● **准备物品**

〈线材〉

⑬、⑭ KOKUYO 麻线（麻本色）：250g

〈钩针〉

9号钩针

〈其他〉

⑬ 提手布：180cm × 18cm
　　黏合衬：100cm × 8cm
　　手缝针、手缝线

⑭ 18mm宽的罗纹缎带：370cm
　　48mm宽的罗纹缎带：120cm
　　15mm宽的罗纹缎带：100cm
　　9mm宽的罗纹缎带：20cm
　　手工胶
　　手缝针、手缝线

● **织物密度**

短针 13针15行：10cm × 10cm

● **钩织方法**

全部取1股线，9号钩针钩织。

【作品⑬的制作方法】

①绕线环起针，钩6针短针，按照图解加针钩至第12行，完成底部。

②继续钩织侧面，没有加减针，钩至第16行。第17、18行按照图解加针。继续钩至第37行，没有加减针。其中的第33行，按照图解在4个位置各钩2针锁针，作为穿提手的孔。最后一行钩一圈反短针。

③制作提手，由包袋主体的内侧穿出，打结固定。

【作品⑭的制作方法】

①绕线环起针，钩6针短针，按照图解加针钩至第12行，完成底部。

②继续钩织侧面，没有加减针，钩至第16行。第17、18行按照图解加针。继续钩至第37行，没有加减针。最后一行钩一圈反短针。

③制作提手。按照图解钩织提手，对折提手的中间部分，对齐用卷针缝缝合。使用18mm宽的罗纹缎带缠绕提手，用手工胶粘贴固定。

④使用48mm宽的罗纹缎带，裁剪22cm长，其中5cm暂时固定于主体内侧，剩余部分向外自然垂下。提手缝合于内侧的缎带部分。再裁剪7cm长，两端各1cm为缝份，贴缝于主体内侧，遮住提手。

⑤按照图解，制作4个装饰用蝴蝶结。距袋口4cm左右，在向外垂下的罗纹缎带上抽褶，再钉缝上装饰用蝴蝶结。

〈尺寸图〉　　〈提手布〉

【⑬】

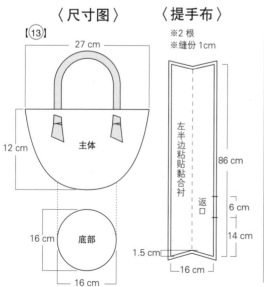

〈尺寸图〉

【⑭】

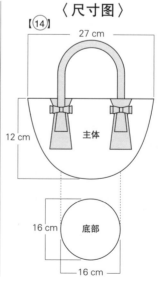

〈装饰用蝴蝶结〉

按照图示折叠15mm宽的罗纹缎带，中间用手缝线固定后，再缠上9mm宽的罗纹缎带

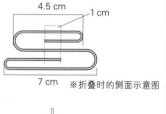

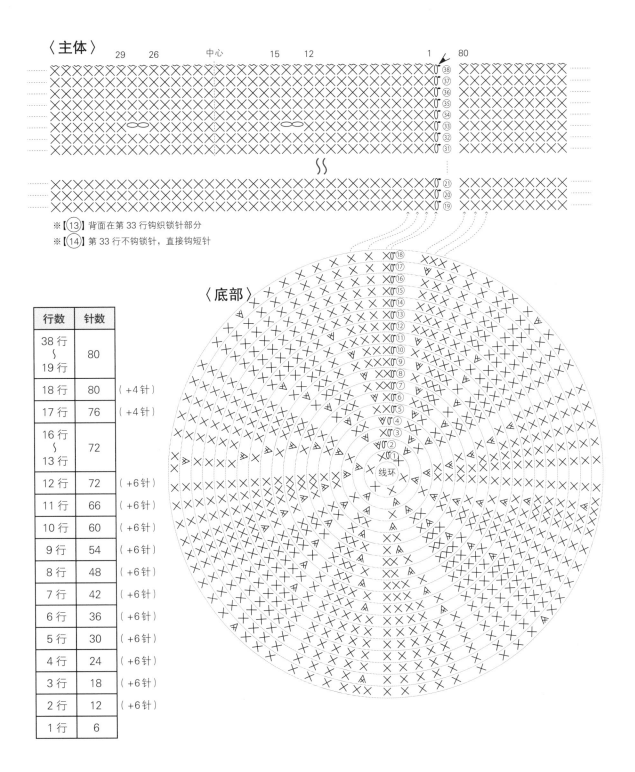

〈主体〉

※【13】背面在第 33 行钩织锁针部分
※【14】第 33 行不钩锁针，直接钩短针

〈底部〉

线环

行数	针数	
38 行 ～ 19 行	80	
18 行	80	（ +4 针）
17 行	76	（ +4 针）
16 行 ～ 13 行	72	
12 行	72	（ +6 针）
11 行	66	（ +6 针）
10 行	60	（ +6 针）
9 行	54	（ +6 针）
8 行	48	（ +6 针）
7 行	42	（ +6 针）
6 行	36	（ +6 针）
5 行	30	（ +6 针）
4 行	24	（ +6 针）
3 行	18	（ +6 针）
2 行	12	（ +6 针）
1 行	6	

〈提手〉　※【14】钩织 2 根提手，再缠绕罗纹缎带

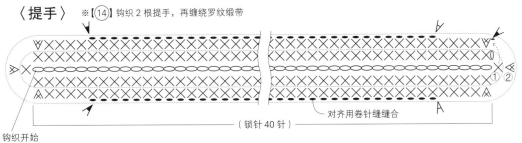

钩织开始

（ 锁针 40 针 ）

对齐用卷针缝缝合

⑮
土耳其泡芙针花样拎包
作品图片 ＊p.20、p.21

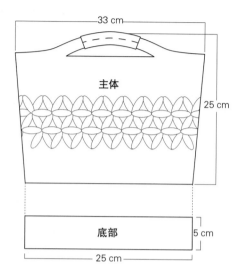

●准备物品
〈线材〉
KOKUYO麻线（麻本色）:260g

〈钩针〉
8号钩针

〈其他〉
皮革:10cm × 7cm
皮革手缝麻线（本白色）
手缝针

●织物密度
短针　14针16行:10cm × 10cm
土耳其泡芙针花样　3个花样4行:10cm × 10cm

●钩织方法
全部取1股线,8号钩针钩织。
①钩27针锁针起针,环状钩60针短针和锁针。按照
　图解加针,钩至第4行,完成底部。
②继续钩织侧面10行短针,没有加减针。第11~13行
　钩土耳其泡芙针花样,断线。在图解位置加线,按
　照图解加针,钩短针至第8行。在第9行图解标注的
　两处钩17针锁针,作为提手的基础部分,继续钩至
　第11行,没有加减针。
③提手包上皮革,使用皮革手缝麻线以回针缝固定。

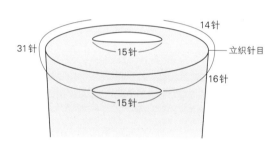

底部加减针

行数	针数	
4 行	84	（+8针）
3 行	76	（+8针）
2 行	68	（+8针）
1 行	60	

〈侧面〉

← ⑪
← ⑩
← ⑨
← ⑧
← ⑦
← ⑥
← ⑤
← ④
← ③
← ②
← ①

作为立织针目的锁针

1个花样

← ⑬
← ⑫
← ⑪

← ⑩
← ⑨
← ⑧
← ⑦
← ⑥
← ⑤
← ④
← ③
← ②
← ①

〈底部〉

① ② ③ ④

钩织开始　　　　　　　（锁针27针）

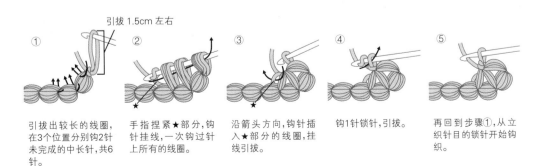

土耳其泡芙针花样的钩织方法

引拔1.5cm左右

① 引拔出较长的线圈，在3个位置分别钩2针未完成的中长针，共6针。

② 手指捏紧★部分，钩针挂线，一次钩过针上所有的线圈。

③ 沿箭头方向，钩针插入★部分的线圈，挂线引拔。

④ 钩1针锁针，引拔。

⑤ 再回到步骤①，从立织针目的锁针开始钩织。

(16)
麻线新月包
作品图片 ∗p.22

〈尺寸图〉

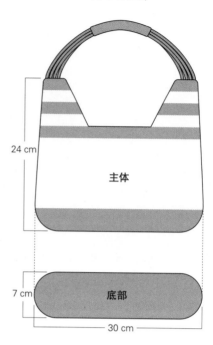

24 cm

主体

7 cm

底部

30 cm

● 准备物品
〈线材〉
A线/ DARUMA手工编织麻线#1(麻本色):140g
B线/ DARUMA手工编织麻线#4(黑色):140g

〈钩针〉
8号钩针

〈其他〉
合成皮革:13cm×10cm
手缝针、手缝线
手工胶

● 织物密度
短针 12针14行:10cm×10cm

● 钩织方法
全部取1股线,8号钩针钩织。

① 使用B线,钩25针锁针起针,环状钩56针
   短针。按照图解加针,钩至第6行,完成底
   部。

② 继续钩织侧面,按照图解减针,钩短针至第
   10行,断线。在图解位置换A线,钩3行短
   针、3行花样,并按照图解重复钩织至第25
   行,断线。

③ 在图解位置加2股线,按照图解减针,钩短
   针形成双色条纹。两侧同时进行。最后使
   用B线在袋口钩短针一圈。

④ 制作提手。钩锁针95针,共钩织4根,穿过
   包袋主体的提手位置,在上方打结。包上
   合成皮革遮住结头,使用手工胶粘贴。

〈侧面〉

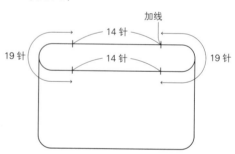

加线

14 针

19 针   14 针   19 针

〈提手〉※4根

锁针95针

〈袋口〉

①在包袋主体侧面加线，两侧一起按照图解钩织
②最后钩边装饰

穿提手位置

正面中心

背面中心

侧面加减针

行数	针数	
25 行 ～ 10 行	76	
9 行	76	（−4针）
8 行	80	
7 行	80	

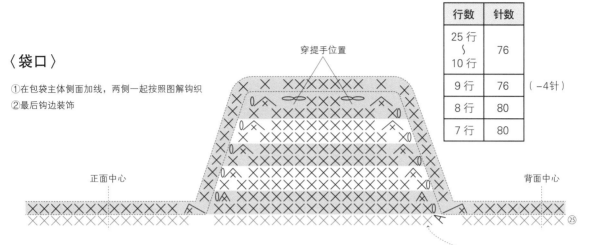

〈侧面〉

〈底部〉

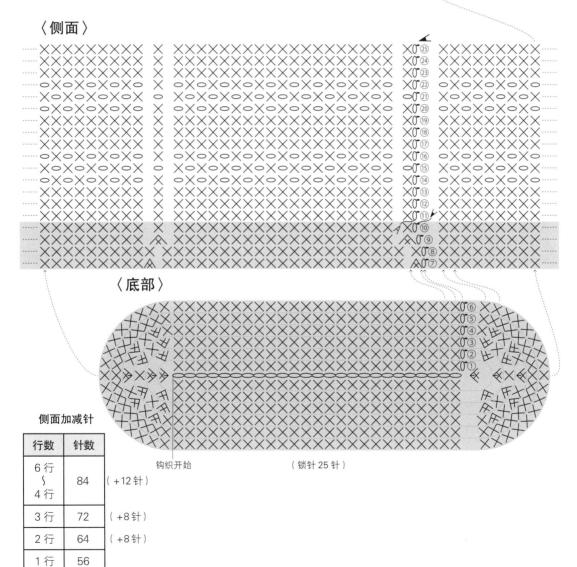

钩织开始

（锁针 25 针）

侧面加减针

行数	针数	
6 行 ～ 4 行	84	（+12针）
3 行	72	（+8针）
2 行	64	（+8针）
1 行	56	

(17)
天然麻色的麻线小挎包

作品图片 ＊p.23

●**准备物品**

〈线材〉
Wister CROCHETJUTE（细）（天然麻色）:125g

〈钩针〉
10号钩针
8号钩针

〈其他〉
直径8mm龙虾扣:2个
直径25mm纽扣:1个
宽2mm的合成皮绳:45cm

●**织物密度**

短针 13针15行:10cm×10cm
编织花样 13针12行:10cm×10cm

●**钩织方法**

全部取1股线,10号钩针、8号钩针钩织。

①使用10号钩针,钩15针锁针起针,环状钩36针
短针。按照图解加针,钩至第4行,完成底部。

②继续钩织侧面,钩4行短针,编织花样至第15
行,没有加减针。再钩5行短针,按照图解减针。

③制作肩带。使用8号钩针,钩165针锁针起针,
再钩1行短针。钩至两端时,包住龙虾扣一起钩
短针。

④在包袋主体的指定位置钉缝纽扣和皮绳。最后
将龙虾扣挂在主体两侧的织物针目上。

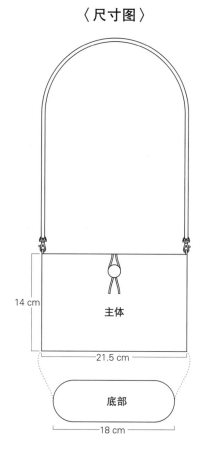

主体

14 cm

21.5 cm

底部

18 cm

〈肩带〉

钩织开始

（锁针165针）

※两端的短针包住龙虾扣一起钩织

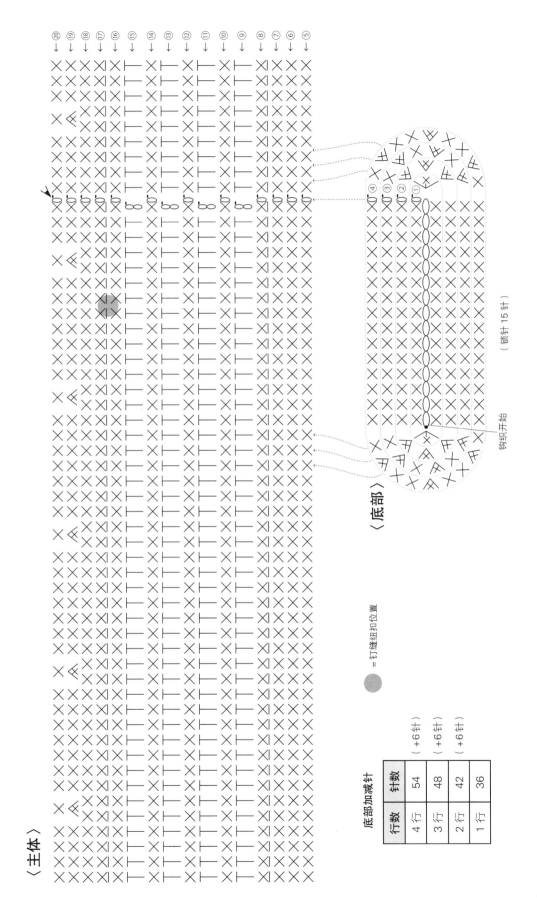

〈主体〉

⑳⑲⑱⑰⑯⑮⑭⑬⑫⑪⑩⑨⑧⑦⑥⑤

〈底部〉

④③②①

（锁针15针）

钩织开始

= 钉缝纽扣位置

底部加减针

行数	针数	
4行	54	（+6针）
3行	48	（+6针）
2行	42	（+6针）
1行	36	

⑱
经典条纹麻线包

作品图片 ＊p.24、p.25

●准备物品

〈线材〉

A线/Wister CROCHETJUTE (细) #7 (黑色)：320g

B线/Wister Lucia (米色)：30g

〈钩针〉

8号钩针

〈其他〉

木提手：1副

●织物密度

短针　12针16行：10cm × 10cm

●钩织方法

全部取1股线，8号钩针钩织。

①使用A线，钩30针锁针起针，往返钩织9行短针。先断线，在另一侧的图解位置加线，再往返钩织9行短针，完成底部。

②挑取底部一圈共92针，作为侧面的第1行，按照图解往返钩织短针，没有加减针。A线5行、B线1行，共6行作为一个花样，重复5次。换线时A线不用断线，B线需要断线。

③在第37行图解标注的两处钩3针锁针，作为穿提手的位置。第40、41行交替钩短针和锁针，留出70~80cm 长度的线后断线。第36行之前的部分作为包袋正面，第37~41行的部分折入包袋内侧。

④制作提手连接部分。使用B线，钩3针锁针起针，往返钩织10行短针。以同样的方法共制作4个。将完成的提手连接部分穿过提手和包袋主体的孔，使用A线缝合固定。

⑤使用主体钩织完成后留出的线，挑取内折的第41行针目和包袋第32行的内侧，缝合一圈。

〈 尺寸图 〉

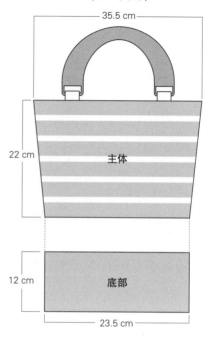

35.5 cm

22 cm　主体

12 cm　底部

23.5 cm

换线位置

行数	线材
41 行 〜 31 行	A 线
30 行	B 线
29 行 〜 25 行	A 线
24 行	B 线
23 行 〜 19 行	A 线
18 行	B 线
17 行 〜 13 行	A 线
12 行	B 线
11 行 〜 7 行	A 线
6 行	B 线
5 行 〜 1 行	A 线

〈 穿提手的位置 〉

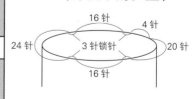

16针　4针

24针　3针锁针　20针

16针

〈包袋主体〉

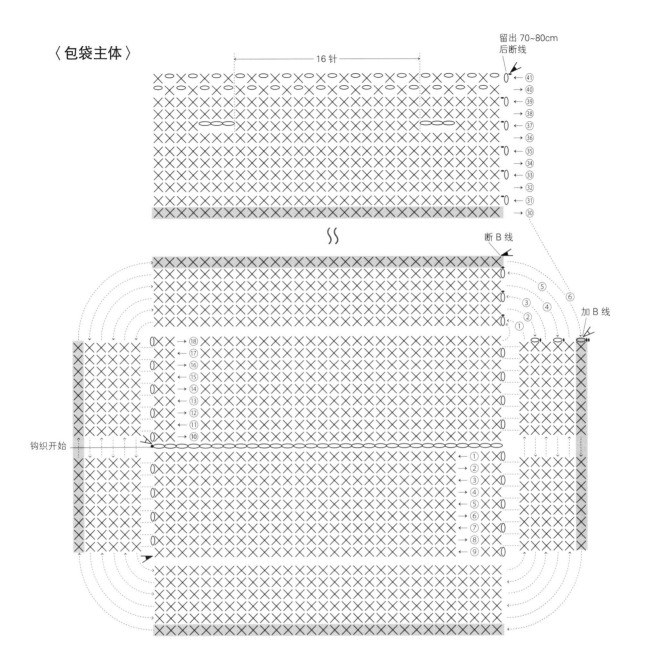

留出 70~80cm
后断线

16 针

断 B 线
加 B 线

钩织开始

〈提手连接部分〉※4 个

钩织开始
（锁针 3 针）

〈提手的缝合方法〉

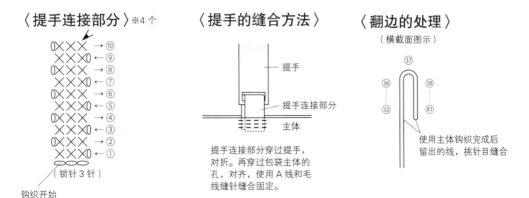

提手
提手连接部分
主体

提手连接部分穿过提手，
对折。再穿过包袋主体的
孔，对齐，使用 A 线和毛
线缝针缝合固定。

〈翻边的处理〉
（横截面图示）

使用主体钩织完成后
留出的线，挑针目缝合

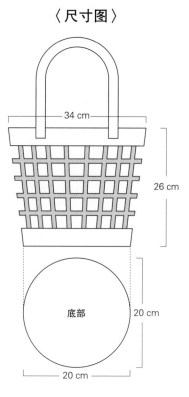

〈尺寸图〉

34 cm

26 cm

底部

20 cm

20 cm

(19)
麻线渔网包
作品图片 ＊p.26

● 准备物品

〈线材〉
A线／Wister CROCHETJUTE（细）（天然麻色）：110g
B线／Wister CROCHETJUTE（细）#10（水蓝色）：110g

〈钩针〉
8号钩针

〈其他〉
皮革提手51cm：1副

● 织物密度
短针　12针13行：10cm × 10cm
编织花样　1个花样：4cm × 4.5cm

● 钩织方法
全部取1股线，8号钩针钩织。
① 使用A线，绕线环起针，钩6针短针，按照图解加针钩至第
　 16行，完成底部。每行结束，钩针插入第1针的短针针目，
　 钩引拔针。
② 钩织侧面。换B线，按照图解编织花样10行，断线。
③ 再换回A线，钩3行短针，没有加减针。最后一行钩一圈引
　 拔针。
④ 在图解指定位置缝合提手。

底部加减针

行数	针数	
16行 〜 14行	72	（+6针）
13行 〜 11行	66	（+6针）
10行	60	（+6针）
9行	54	（+6针）
8行	48	（+6针）
7行	42	（+6针）
6行	36	（+6针）
5行	30	（+6针）
4行	24	（+6针）
3行	18	（+6针）
2行	12	（+6针）
1行	6	

〈侧面〉

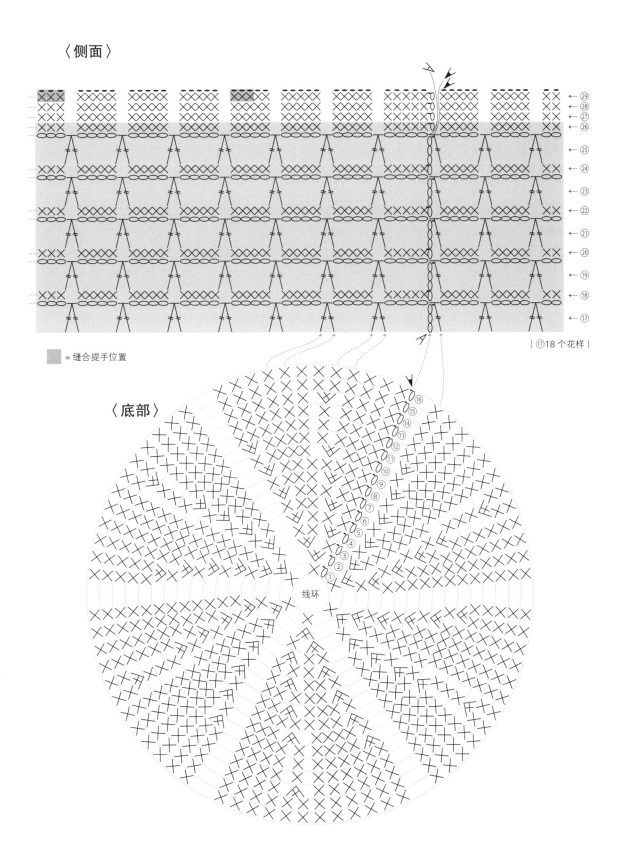

■ = 缝合提手位置

（⑰18 个花样）

〈底部〉

线环

⑳ 菜篮子包

作品图片 ＊p.27

●准备物品

〈线材〉
A 线/ Wister CROCHETJUTE（细）（天然麻色）:200g
B 线/ Wister CROCHETJUTE（细）#7（黑色）:85g

〈钩针〉
8号钩针

〈其他〉
宽15mm 的纸藤:70cm（2根，从宽度的中间分开使用）
捆扎打包带
手工胶

●织物密度
短针 12针13.5行 : 10cm × 10cm

●钩织方法
全部取1股线，8号钩针钩织。
①使用A线，钩23针锁针起针。钩1针锁针作为立织
　针目，按照图解环状钩短针和锁针共50针。按照图
　解加针，钩至第7行，完成底部。
②继续钩织侧面。钩至第12行，没有加减针，第
　13~15行按照图解减针，第16~23行没有加减针。
　第24行包住预先准备好的纸藤钩短针。还剩10针
　时，将纸藤与主体的长度对齐，多留2cm长度用于
　贴合，剪去多余部分，使用手工胶粘贴。最后一行
　钩一圈引拔针。
③钩织提手。使用B线，钩145针锁针起针，往返钩4
　行短针，两端拼接，形成环状。
④按照图解位置缝合提手，将拼接处安排在包袋底
　部。使用B线，使用毛线缝针缝合。

〈尺寸图〉

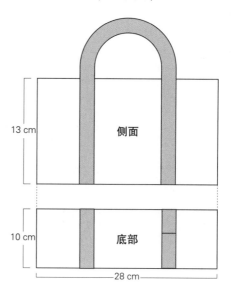

13 cm　侧面

10 cm　底部

28 cm

〈提手〉

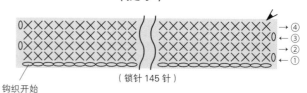

④
③
②
①

钩织开始

（锁针 145 针）

〈提手安装位置〉

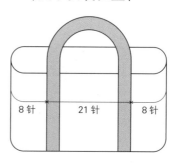

8针　21针　8针

〈侧面〉

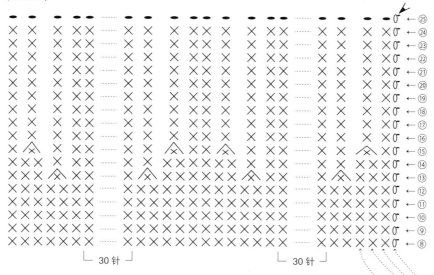

└ 30针 ┘   └ 30针 ┘

〈底部〉

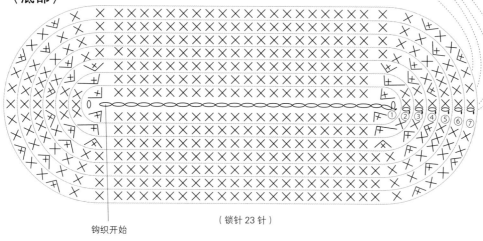

钩织开始

（锁针23针）

侧面加减针

行数	针数	
23行 〜 16行	74	
15行	74	（-4针）
14行	78	
13行	78	（-4针）
12行 〜 8行	82	

底部加减针

行数	针数	
7行	82	（+8针）
6行	74	（+4针）
5行	70	
4行	70	（+8针）
3行	62	（+8针）
2行	54	（+4针）
1行	50	

㉑ 立体花片拼接包

作品图片 *p.28

●准备物品

〈线材〉
和麻纳卡 Comacoma #4 (绿色) : 300g

〈钩针〉
7号钩针

●织物密度

短针 15针14行 : 10cm × 10cm
花片边长 : 约8cm

●钩织方法

全部取1股线, 7号钩针钩织。

①制作花片。钩36针锁针起针, 然后钩短针, 按照图解减针。挑取起针的锁针针目时, 仅挑取里山。以同样的方法制作24片花片。

②拼接花片。花片背面对齐, 每边9针, 挑半针用卷针缝缝合。纵向3片、横向4片。制作成包袋主体的前后两片。把前后两片背面相对对齐, 挑半针用卷针缝缝合。

③制作提手。钩8针锁针起针, 往返钩短针共60行。用卷针缝缝合在包袋主体的指定位置。

〈尺寸图〉

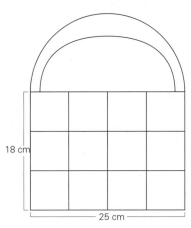

18 cm

25 cm

〈 花片的拼接方法 〉

※12 片 1 组

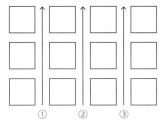

① ② ③

1 边 9 针, 挑半针卷缝

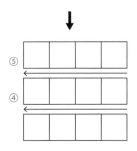

⑤

④

侧面减针方法

行数	针数	
6 行	4	（–4 针）
5 行	8	（–8 针）
4 行	16	（–8 针）
3 行	24	（–4 针）
2 行	28	（–4 针）
1 行	32	

〈花片的钩织方法〉※24 片

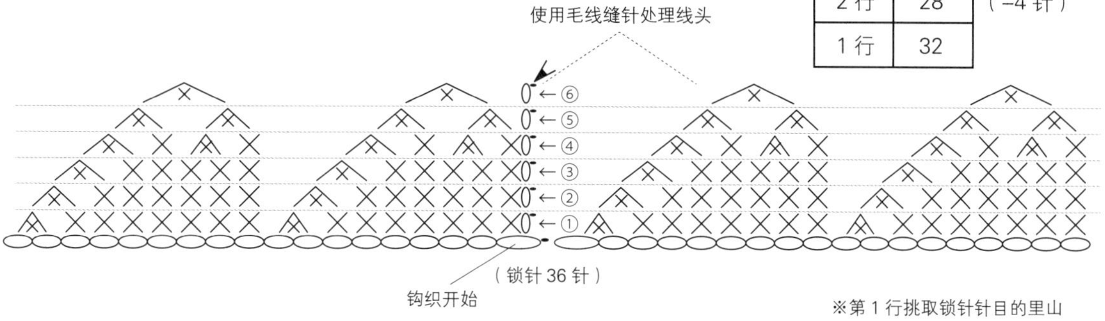

使用毛线缝针处理线头
←⑥
←⑤
←④
←③
←②
←①
（锁针 36 针）
钩织开始

※第 1 行挑取锁针针目的里山

〈提手〉

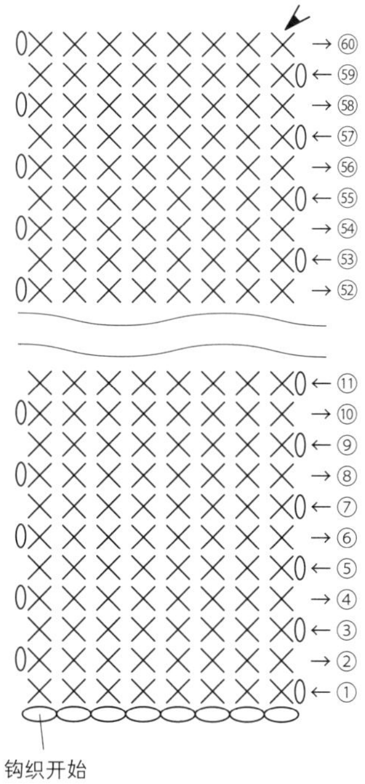

→⑩
←⑤⑨
→⑤⑧
←⑤⑦
→⑤⑥
←⑤⑤
→⑤④
←⑤③
→⑤②
←⑪
→⑩
←⑨
→⑧
←⑦
→⑥
←⑤
→④
←③
→②
←①
钩织开始

〈提手的缝合方法〉

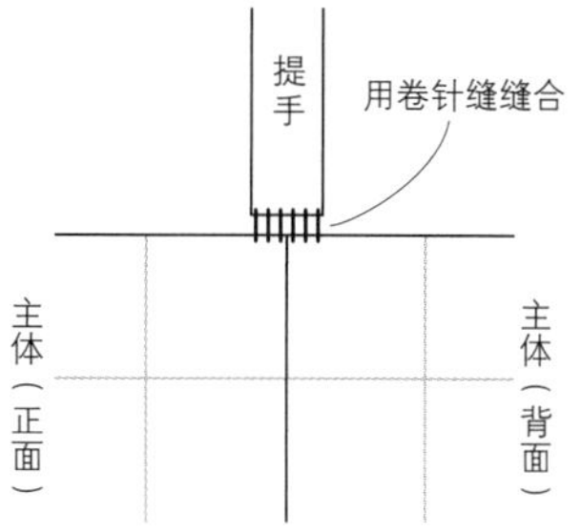

提手
用卷针缝缝合
主体（正面）
主体（背面）

㉒
柔软三角托特包

作品图片 ＊p.29

〈尺寸图〉

18 cm

32 cm

●**准备物品**

〈线材〉
Wister CROCHETJUTE（细）（天然麻色）：160g

〈钩针〉
8号钩针

●**织物密度**

短针　12针13.5行：10cm×10cm
长针　11针4.5行：10cm×10cm

●**钩织方法**

全部取1股线，8号钩针钩织。
① 钩锁针34针起针，钩1针锁针作为立织针目，按照
　 图解钩短针和长针的花样，往返钩织至第21行。
② 将主体对折，★和★对齐、☆和☆对齐，钩织袋口。
　 按照图解，挑取长针、短针和锁针，钩一圈短针，共
　 42针，钩3行。
③ 继续钩织提手。袋口挑取4针短针针目，往返钩织4
　 针短针，共34行，在另一侧的指定位置钩引拔针连
　 接。不用断线，沿袋口钩一圈引拔针，留出一段较
　 长的线后断线。使用留出的线，在引拔针连接的提
　 手内侧，使用毛线缝针用卷针缝缝合，进行加固。
④ 准备2根80cm的线，使用毛线缝针将包袋主体两
　 侧用卷针缝缝合起来。

〈提手〉

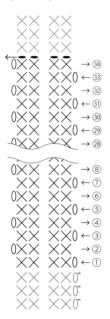

不用断线，袋口
钩一圈引拔针

〈主体〉

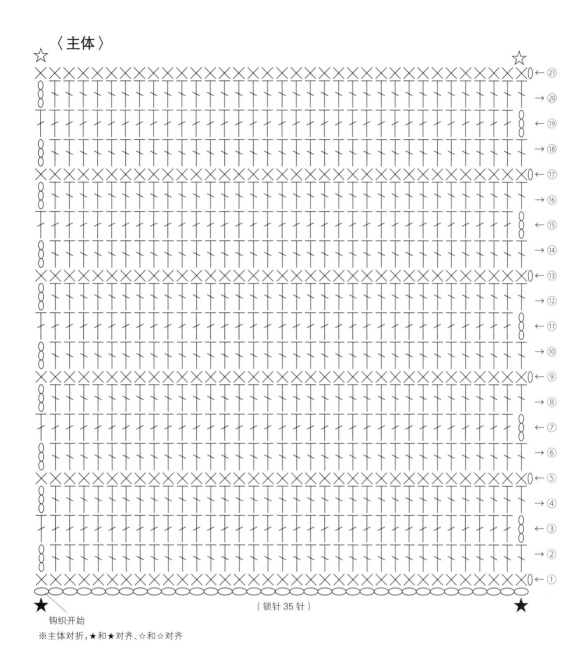

（锁针35针）

★ 钩织开始

※主体对折，★和★对齐、☆和☆对齐

〈袋口〉

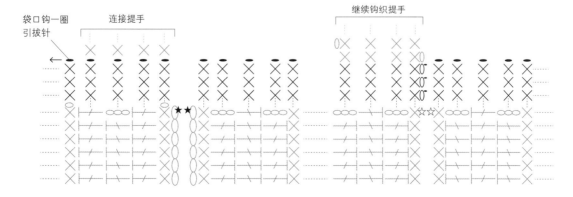

袋口钩一圈
引拔针

连接提手

继续钩织提手

㉓
海洋风提花图案托特包
作品图片＊p.30、p.31

●**准备物品**

〈线材〉
A线/KOKUYO麻线（白色）:250g
B线/NUTSCENE麻线 卷轴（蓝色）:250g

〈钩针〉
8号钩针

●**织物密度**
短针 14针16行：10cm × 10cm

●**钩织方法**
全部取1股线，8号钩针钩织。
① 使用A线，钩锁针35针起针，按照图解环状钩短针和锁针共76针，按照图解加针，钩至第4行，完成底部。
② 继续钩织侧面，使用A线和B线双色提花，钩短针条纹针至第28行。
③ 第29、30行，包住B线钩短针条纹针，断B线。第31行仅使用A线钩短针条纹针，第32~35行钩短针。
④ 钩织提手。使用B线，绕线环起针，钩6针短针，共2行。按照图解继续钩6针短针，没有加减针，钩至54行（约45cm）。最后一行，把线穿过6针短针针目的下半针，抽紧。制作2根提手，缝合在图解的指定位置。
⑤ 将包袋主体第31行起向内侧折叠，使用A线在内侧贴缝一圈。

〈**尺寸图**〉

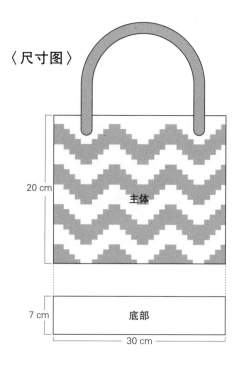

20 cm

主体

7 cm

底部

30 cm

〈**提手**〉
※2根

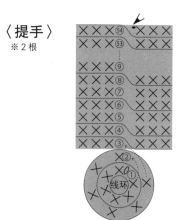

底部加减针

行数	针数	
4行	100	（+8针）
3行	92	（+8针）
2行	84	（+8针）
1行	76	

〈主体〉

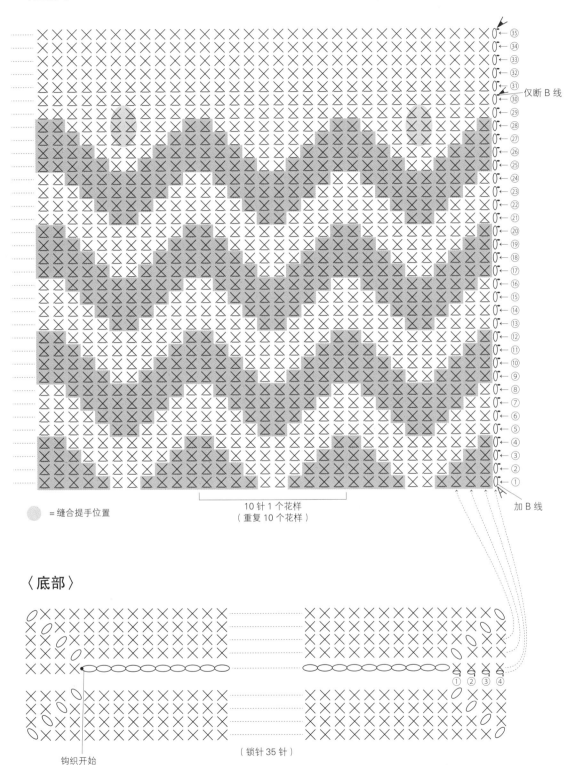

仅断 B 线

10 针 1 个花样
（重复 10 个花样）

⬤ =缝合提手位置

加 B 线

〈底部〉

钩织开始

（锁针 35 针）

㉔ ㉕
经典款双色小圆包
作品图片 ＊p.32

● 准备物品

〈线材〉
㉔ A线/DARUMA手工编织麻线#11（白色）：140g
　 B线/DARUMA手工编织麻线#7（灰色）：120g
㉕ A线/DARUMA手工编织麻线#1（麻本色）：140g
　 B线/DARUMA手工编织麻线#8（玫红色）：120g

〈钩针〉
8号钩针

● 织物密度
长针 10针6行：10cm×10cm

● 钩织方法
全部取1股线，8号钩针钩织。
①钩织花片。使用A线，绕线环起针，钩3针锁针作为立织针
　目，再钩11针长针。按照图解加针，钩至第7行，断线。
②在图解加线位置加B线，按照图解钩1行长针、1行短针。共
　钩织2片。
③钩织提手。使用B线，钩锁针60针起针，往返钩织3行短针。
　钩织完成后对折用卷针缝缝合。共钩织2根。
④将提手缝合在包袋主体花片的指定位置。2片花片背面相
　对对齐，使用B线用卷针缝缝合，用卷针缝缝合至距提手约
　4cm处。

〈尺寸图〉

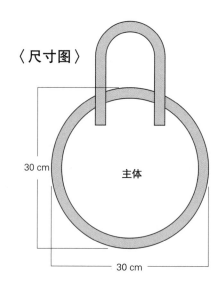

30 cm

主体

30 cm

〈提手〉 ※2根

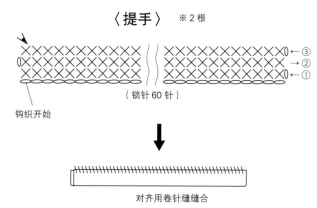

钩织开始

（锁针60针）

←③
→②
←①

对齐用卷针缝缝合

〈主体〉※2片

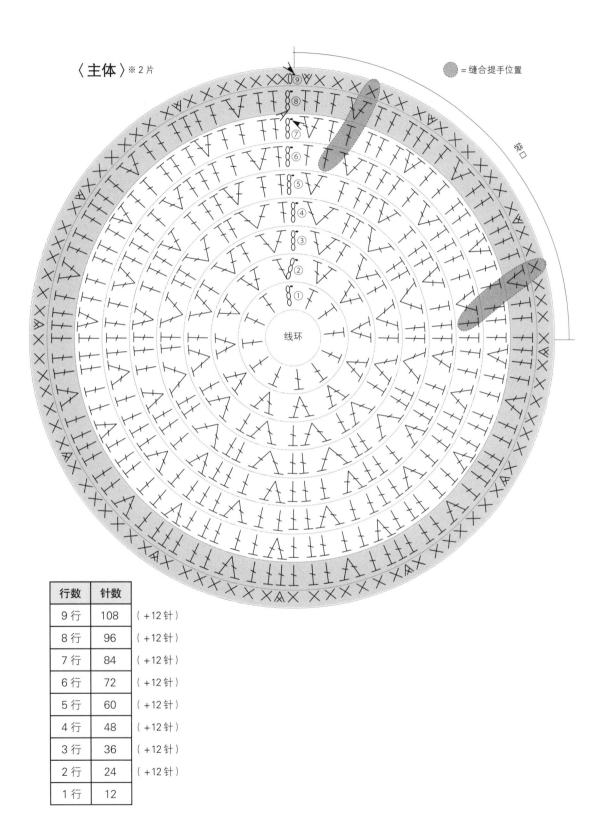

●●●= 缝合提手位置

线环

行数	针数	
9 行	108	（+12 针）
8 行	96	（+12 针）
7 行	84	（+12 针）
6 行	72	（+12 针）
5 行	60	（+12 针）
4 行	48	（+12 针）
3 行	36	（+12 针）
2 行	24	（+12 针）
1 行	12	

●准备物品

〈线材〉
Wister CROCHETJUTE（细）#4（胭脂红色）：40g

〈钩针〉
8号钩针

〈其他〉
直径20mm珠子：2颗
迷你提手

●织物密度
短针条纹针　11针12行：10cm×10cm

●钩织方法

全部取1股线，8号钩针钩织。

①钩织第1片花片。绕线环起针，钩7针短针，第2行开始钩短针条纹针，按照图解加针，钩至第7行。第8行按照图解钩2针短针条纹针，再交替钩引拔针和锁针，最后断线。

②钩织第2片花片。以第1片同样的方法钩至第7行，第8行在图解位置钩3针锁针，作为珠子的扣眼。

③第2片暂时不断线。将2片花片背面相对对齐，钩引拔针和锁针缝合。

④按照图解的指定位置，在第1片花片的背面和第2片花片的正面钉缝珠子。最后在图解的指定位置缝合提手。

㉖
口金风格圆形化妆包
作品图片＊p.33

〈尺寸图〉

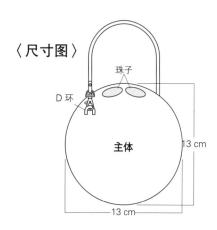

珠子
D环
主体
13 cm
13 cm

⬭⬭ 2片背面相对对齐拼接缝合
🔘 钉缝珠子位置
（背面也要钉缝珠子）

行数	针数	
7 行	35	
6 行	35	
5 行	35	（+7针）
4 行	28	（+7针）
3 行	21	（+7针）
2 行	14	（+7针）
1 行	7	

〈主体（第1片花片）〉

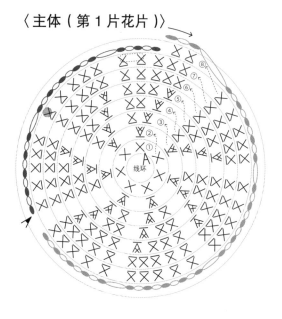

线环

〈主体（第2片花片）〉

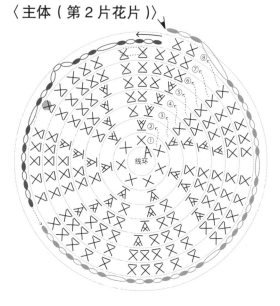

线环

● 准备物品

〈线材〉
A线/和麻纳卡 Comacoma #16（蓝色）：75g
B线/和麻纳卡 Comacoma #1（白色）：10g

〈钩针〉
8号钩针

〈其他〉
16cm水滴头拉链：1根
手缝针、手缝线

● 织物密度
短针条纹针　12.5针13行：10cm×10cm

㉗
波点化妆包
作品图片 ＊p.33

● 钩织方法

全部取1股线，8号钩针钩织。

① 使用A线，钩锁针17针起针，环状钩36针短针。按照图解加针，钩短针条纹针，钩至第6行，完成底部。

② 继续钩织侧面。按照图解，钩短针条纹针，没有加减针，钩至第18行。第19行按照图解，在两处侧边位置钩7针引拔针。

③ 安装拉链。使用手缝针和手缝线，将拉链与第19行两端对齐，以半回针缝缝合。

④ 使用B线钩织波点花片。绕线环起针，钩8针短针。将波点花片的背面作为正面，放置在主体合适的位置，边缘贴缝。

〈尺寸图〉

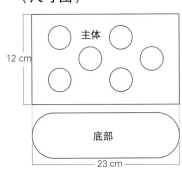

主体

12 cm

底部

23 cm

〈波点花片〉

线环

行数	针数	
19 行 〜 6 行	56	
5 行	56	（+4针）
4 行	52	（+4针）
3 行	48	（+4针）
2 行	44	（+8针）
1 行	36	

〈侧面〉

拉链　　　　侧边（向内侧凹陷）　　　　拉链　　　　侧边（向内侧凹陷）　　　　拉链

←⑲
←⑱

←⑨
←⑧
←⑦

〈底部〉

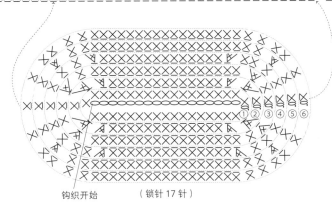

①②③④⑤⑥

钩织开始　　　（锁针17针）

91

(28)
纸巾套
作品图片 ＊p.34

● **准备物品**
〈线材〉
后生产业 MIEL #5（软木色）:130g

〈钩针〉
8号钩针

〈其他〉
仿麂皮皮绳（灰白色）:50cm
仿麂皮皮绳（米色）:50cm
仿麂皮皮绳（棕色）:50cm

● **织物密度**
短针条纹针 14针18行：10cm×10cm

● **钩织方法**
全部取1股线，8号钩针钩织。
①钩锁针45针起针，往返钩织短针至第19行。第20行先钩短针，按照图解再钩29针锁针，作为纸巾抽口，然后钩短针至一行结束。继续往返钩织短针至第71行。
②主体对折，用卷针缝缝合两个侧边。
③制作提手。将3股仿麂皮皮绳穿过主体的指定位置，打结固定后编三股辫。再穿过另一侧的指定位置，打结固定。用20cm的仿麂皮皮绳（棕色），在纸巾抽口的两侧做2个小巧的蝴蝶结装饰。

〈尺寸图〉

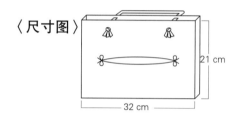

21 cm
32 cm

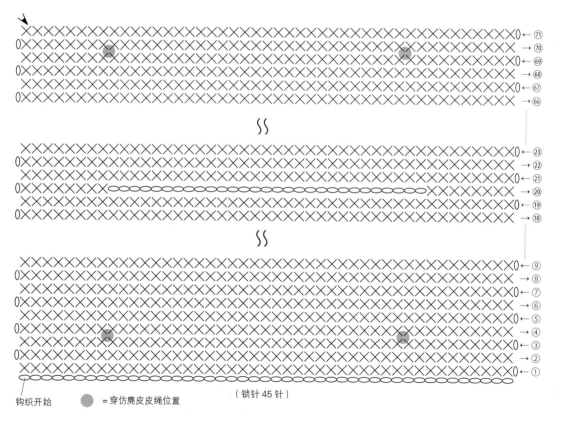

钩织开始

● ＝穿仿麂皮皮绳位置

（锁针45针）

● 准备物品

〈线材〉
和麻纳卡 Comacoma #10（茶色）：115g

〈钩针〉
8号钩针

● 织物密度

短针　12针14行：10cm×10cm

㉙
手提收纳篮

作品图片 ＊p.35

● 钩织方法

全部取1股线，8号钩针钩织。
①绕线环起针，钩6针短针，按照图解加针，钩至第14行，完成底部。
②继续钩织侧面。第15行挑取底部最后一行针目的上半针和里山，钩短针条纹针。接着钩2行短针，第18、19行按照图解钩长针花样。再钩2行短针，第22行按照图解钩20针锁针，作为提手的基础部分。暂时不断线，在另一侧的提手位置加线，钩20针锁针后断线。再用之前的线钩一圈反短针作为边缘。

〈尺寸图〉

8.5 cm｜侧面

18 cm｜底部

18 cm

32 针

10针｜｜10针

32 针

行数	针数	
15 行	84	
14 行	84	（+6针）
13 行	78	（+6针）
12 行	72	（+6针）
11 行	66	（+6针）
10 行	60	（+6针）
9 行	54	（+6针）
8 行	48	（+6针）
7 行	42	（+6针）
6 行	36	（+6针）
5 行	30	（+6针）
4 行	24	（+6针）
3 行	18	（+6针）
2 行	12	（+6针）
1 行	6	

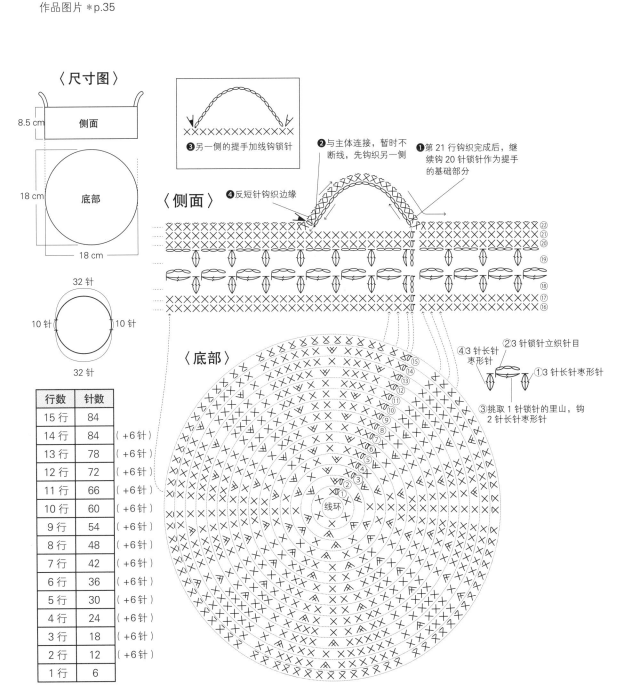

❸另一侧的提手加线钩锁针

〈侧面〉

❹反短针钩织边缘

❷与主体连接，暂时不断线，先钩织另一侧

❶第21行钩织完成后，继续钩20针锁针作为提手的基础部分

〈底部〉

线环

②3针锁针立织针目
④3针长针枣形针
①3针长针枣形针
③挑取1针锁针的里山，钩2针长针枣形针

③① ③①
口金包

作品图片 ＊p.36

●**准备物品**

〈线材〉

③① Wister CROCHETJUTE(细)#9 (深绿
色):30g

③① Wister CROCHETJUTE(细)(天然麻
色):40g

〈钩针〉

8号钩针

〈其他〉

8.5cm 口金 (半圆形)
手缝针、手缝线

●**织物密度**

短针 12针14行 :10cm × 10cm

●**钩织方法**

全部取1股线，8号钩针钩织。

①绕线环起针，钩6针短针，按照图解加针，钩至
第5行，完成底部。

②继续钩织侧面，按照图解，钩至第14行，没有
加减针。

③将化妆包主体的最后一行夹入口金，用回针
缝缝合。

〈尺寸图〉

〈侧面〉

主体

9.5 cm

11 cm

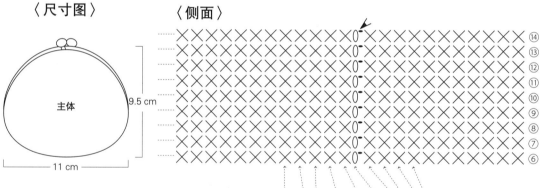

⑭ ⑬ ⑫ ⑪ ⑩ ⑨ ⑧ ⑦ ⑥

底部加减针

行数	针数	
5行	30	(+6针)
4行	24	(+6针)
3行	18	(+6针)
2行	12	(+6针)
1行	6	

〈底部〉

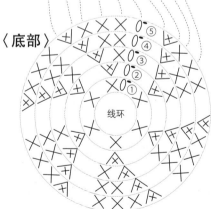

线环

㉜ ㉝
英文字母化妆包
作品图片 ＊p.37

●准备物品
〈线材〉
㉜ A线/DARUMA手工编织麻线#6(红色):80g
　 B线/DARUMA手工编织麻线#11(白色):15g
㉝ A线/DARUMA手工编织麻线#14(水蓝色):80g
　 B线/DARUMA手工编织麻线#11(白色):15g

〈钩针〉
8号钩针

〈其他〉
20cm水滴头拉链:各1根

●织物密度
短针　11针6行:10cm×10cm

●钩织方法
全部取1股线,8号钩针钩织。
①使用A线,钩23针锁针起针,往返
　钩织短针共30行。
②使用B线,按照图解,钩锁针钩出
　英文字母。
③将主体对折,钉缝英文字母。
④在化妆包的包口钉缝拉链,两侧
　使用A线用卷针缝缝合。

〈尺寸图〉

3 cm
5 cm
4 cm
21 cm

〈英文字母〉

〈主体〉

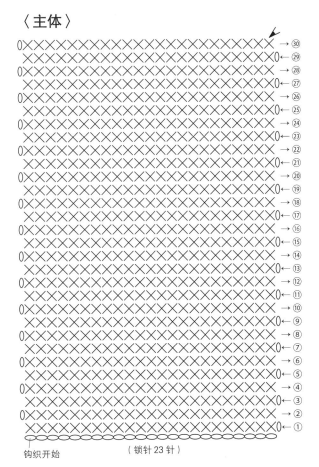

钩织开始

（锁针23针）

95

Original Japanese title: TANJIKAN DE TSUKURERU ASAHIMO BAG TO KOMONO
Copyright © 2018 NIHONBUNGEISHA Co., Ltd.
Original Japanese edition published by NIHONBUNGEISHA Co., Ltd.
Simplified Chinese translation rights arranged with NIHONBUNGEISHA Co., Ltd.
through The English Agency (Japan) Ltd. and Shanghai To-Asia Culture Co., Ltd.

备案号：豫著许可备字-2021-A-0220

图书在版编目（CIP）数据

编织手作大牌包：33款天然麻线包袋钩编 / 日本文艺社编著；项晓笈译. —郑
州：河南科学技术出版社，2023.3
ISBN 978-7-5725-1017-5

Ⅰ. ①编… Ⅱ. ①日… ②项… Ⅲ. ①包袋—钩针—编织—图集 Ⅳ. ①TS941.75

中国版本图书馆CIP数据核字（2022）第247710号

出版发行：河南科学技术出版社
　　　　　地址：郑州市郑东新区祥盛街27号　　邮编：450016
　　　　　电话：（0371）65737028　　65788613
　　　　　网址：www.hnstp.cn
策划编辑：梁莹莹
责任编辑：梁莹莹
责任校对：刘逸群
封面设计：张　伟
责任印制：张艳芳
印　　刷：河南新达彩印有限公司
经　　销：全国新华书店
开　　本：787mm×1 092mm　1/16　　印张：6　　字数：180千字
版　　次：2023年3月第1版　　2023年3月第1次印刷
定　　价：49.80元